Formelsammlung Statistik

Von

Professor Dr. Karl Bosch
Institut für angewandte Mathematik und Statistik
der Universität Stuttgart-Hohenheim

R. Oldenbourg Verlag München Wien

Bibliografische Information Der Deutschen Bibliothek

Die Deutsche Bibliothek verzeichnet diese Publikation in der Deutschen Nationalbibliografie; detaillierte bibliografische Daten sind im Internet über <http://dnb.ddb.de> abrufbar.

Rosenheimer Straße 145, D-81671 München
Telefon: (089) 45051-0
www.oldenbourg-verlag.de

Gedruckt auf säure- und chlorfreiem Papier
Druck: Grafik + Druck, München
Bindung: R. Oldenbourg Graphische Betriebe Binderei GmbH

ISBN 3-486-27312-4

Inhaltsverzeichnis

Vorwort

In der vorliegenden Formelsammlung sollen die wichtigsten Begriffe, Formeln und Verfahren der Statistik zusammengestellt werden. Viele dieser Verfahren werden in den Vorlesungen für Angewandte Statistik behandelt. Der Autor ist bemüht, die einzelnen Formeln und Verfahren sehr ausführlich darzustellen. Durch viele Hinweise sollen die Anwendungsmöglichkeiten deutlich gemacht werden. Die gewählte Darstellung soll gewährleisten, dass spezielle Formeln und Verfahren auch dann benutzt werden können, wenn der jeweilige Stoff in der Vorlesung nur ganz knapp oder überhaupt nicht behandelt wurde. Dadurch wird diese Formelsammlung zu einem ausführlichen Nachschlagewerk für viele Studierenden an den Universitäten und Fachhochschulen und für alle Personen, die in ihrem Berufsleben statistische Methoden anwenden müssen.

Wer sich für die theoretischen Grundlagen näher interessiert, kann diese in den in der Literaturliste angegebenen Lehrbüchern nachlesen.

Für die kritische Durchsicht von Teilen des Manuskripts möchte ich mich bei Frau Dr. S. Kröner, Frau Dipl. Math. R. Ritz, Herrn Dipl. Math. A. Janßen und Herrn Dipl. Math. A. Meister recht herzlich bedanken.

Allen Personen, welche diese Formelsammlung benutzen, wünsche ich viel Erfolg. Für Hinweise und Verbesserungsvorschläge bin ich jederzeit dankbar.

Stuttgart-Hohenheim Karl Bosch

Symbole und Bezeichnungen

n	Stichprobenumfang
h_j	absolute Häufigkeit
r_j	relative Häufigkeit
$F_n(x), x \in \mathbb{R}$	(empirische) Verteilungsfunktion einer Stichprobe
$\tilde{x}, \tilde{x}_q$	Median bzw. q-Quantil der Stichprobe
$\sum_{i=1}^{n} x_i$	$x_1 + x_2 + \ldots + x_n$ (endliche Summe)
$\sum_{i=1}^{\infty} a_i$	$a_1 + a_2 + \ldots$ (unendliche Summe)
$\sum_{i} a_i$	endliche oder unendliche Summe
$\prod_{i=1}^{n} x_i$	$x_1 \cdot x_2 \cdot \ldots \cdot x_n$ (endliches Produkt)
$\bar{x} = \frac{1}{n}\sum_{i=1}^{n} x_i$	Stichprobenmittel (arithmetisches Mittel)
$s_x^2 = \frac{1}{n-1}\sum_{i=1}^{n}(x_i - \bar{x})^2$	(empirische) Varianz einer Stichprobe
$\tilde{s}^2 = \frac{1}{n}\sum_{i=1}^{n}(x_i - \bar{x})^2$	
$s = \sqrt{s^2}$	(empirische) Standardabweichung
s_{xy}	Kovarianz der verbundenen Stichprobe (x, y)
$r = r_{xy}$	Korrelationskoeffizient der Stichprobe (x, y)
r_S	Spearmanscher Rangkorrelationskoeffizient
$R(x_i)$	Rangzahl des Stichprobenwertes x_i in der geordneten Stichprobe
$\hat{y} - \bar{y} = b \cdot (x - \bar{x})$	Regressionsgerade von y bezüglich x
$b = \frac{s_{xy}}{s_x^2} = r \cdot \frac{s_y}{s_x}$	Regressionskoeffizient von y bzgl. x
ω	Versuchsergebnis
A	(zufälliges) Ereignis
$\|A\|$	Anzahl der Elemente aus A
Ω	sicheres Ereignis
$\emptyset$	unmögliches Ereignis

$A \cap B$	A und B tritt ein (Durchschnitt)
$A \cap B = \emptyset$	A und B sind unvereinbar (disjunkt)
$\bigcap_{i=1}^{n} A_i$	alle Ereignisse $A_1, A_2, \ldots, A_n$ treten ein (Durchschnitt endlich vieler Ereignisse)
$\bigcap_{i=1}^{\infty} A_i$	aller Ereignisse $A_1, A_2, \ldots$ treten ein (Durchschnitt abzählbar unendlich vieler Ereignisse)
$A \cup B$	A oder B (tritt ein) (Vereinigung)
$A + B$	$A \cup B$, falls $A \cap B = \emptyset$ (disjunkte Vereinigung)
$\bigcup_{i=1}^{n} A_i$	mindestens eines der Ereignisse $A_1, A_2, \ldots, A_n$ tritt ein (Vereinigung endlich vieler Ereignisse)
$\sum_{i=1}^{n} A_i$	steht für $\bigcup_{i=1}^{n} A_i$, falls $A_j \cap A_k = \emptyset$ für $j \neq k$ Vereinigung paarweise disjunkter Ereignisse
$\bigcup_{i=1}^{\infty} A_i$	mindestens eines der Ereignisse $A_1, A_2, \ldots$ tritt ein (Vereinigung abzählbar vieler Ereignisse)
$\overline{A}$	A nicht
$A \setminus B = A \cap \overline{B}$	Differenz von A und B (A, aber nicht B)
$P(A)$	Wahrscheinlichkeit des Ereignisses A
$P(A \mid B) = \frac{P(A \cap B)}{P(B)}$	bedingte Wahrscheinlichkeit von A unter der Bedingung B
$P(A \cap B) = P(A) \cdot P(B)$	A und B unabhängig
$\binom{n}{k} = \frac{n \cdot (n-k+1)}{1 \cdot 2 \cdot \ldots \cdot k}$	Binomialkoeffizient
$n! = 1 \cdot 2 \cdot 3 \cdot \ldots \cdot n$	n Fakultät
$F(x) = P(X \leq x),\ x \in \mathbb{R}$	Verteilungsfunktion der Zufallsvariablen X
$F(x,y) = P(X \leq x, Y \leq y)$ $(x,y) \in \mathbb{R}^2$	gemeinsame Verteilungsfunktion von (X, Y)
$p_{ij} = P(X = x_i, Y = y_j)$	gemeinsame Wahrscheinlichkeiten der zweidimensionalen disktreten Zufallsvariablen (X, Y)
$p_{i\cdot} = \sum_j p_{ij} = P(X = x_i)$ $p_{\cdot j} = \sum_i p_{ij} = P(Y = y_j)$	Randwahrscheinlichkeit der zweidimensionalen diskreten Zufallsvariablen (X, Y)
$\mu = E(X)$	Erwartungswert von X
$\sigma^2 = \sigma_X^2 = Var(X)$	Varianz von x
$\tilde{\mu}$ bzw. ξ_q	Median bzw. q-Quantil-der Zufallsvariablen X

$\rho = \rho(X, Y)$	Korrelationskoeffizient von (X, Y)
$\Phi(x)$	Verteilungsfunktion der Standardnormalverteilung
$\varphi(x)$	Dichte der Standardnormalverteilung
$N(\mu; \sigma^2)$	Normalverteilung mit dem Erwartungswert μ und der Varianz σ^2
$N(0; 1)$	Standardnormalverteilung
$b(n; p)$	Binomialverteilung mit den Parametern n und p
χ^2_n	Chi-Quadrat-Verteilung mit n Freiheitsgraden
$F_{(n_1, n_2)}$	F-Verteilung mit (n_1, n_2) Freiheitsgraden
$\Gamma(x)$	Gamma-Funktion
z_q	q-Quantil der Standardnormalverteilung
$t_{n;q}$	q-Quantil der t-Verteilung mit n Freiheitsgraden
$\chi^2_{n;q}$	q-Quantil der Chi-Quadrat-Verteilung mit n Freiheitsgraden
$f_{(n_1, n_2);q}$	q-Quantil der F-Verteilung mit (n_1, n_2) Freiheitsgraden
ϑ	(unbekannter) Parameter
$\hat{\vartheta}$	Schätzwert für den unbekannten Parameter ϑ
$\gamma = 1 - \alpha$	Konfidenzwahrscheinlichkeit
$[\vartheta_u; \vartheta_o]$	zweiseitiges Konfidenzintervall für ϑ
$(-\infty; \vartheta_o]; [\vartheta_u; \infty)$	einseitige Konfidenzintervalle für ϑ
H_0	Nullhypothese
H_1	Alternative
Θ_0	Parametermenge der Nullhypothese H_0
Θ_1	Parametermenge der Alternative H_1
$\Theta = \Theta_0 \cup \Theta_1$	Parametermenge
α	(maximale) Irrtumswahrscheinlichkeit 1. Art (Signifikanzniveau)
$g(\vartheta), \vartheta \in \Theta$	Gütefunktion
$L(\vartheta) = 1 - g(\vartheta), \vartheta \in \Theta$	Operationscharakteristik
$\alpha(\vartheta) = g(\vartheta), \vartheta \in \Theta_0$	von ϑ abhängige Irrtumswahrscheinlichkeit 1. Art
$\beta(\vartheta) = 1 - g(\vartheta), \vartheta \in \Theta_1$	von ϑ abhängige Irrtumswahrscheinlichkeit 2. Art

1. Beschreibende Statistik

1.1. Grundbegriffe

quantitatives (**zahlenmäßiges**) Merkmal	Ausprägungen sind durch reelle Zahlen darstellbar und in Einheiten messbar
qualitatives (**artmäßiges**) Merkmal	Merkmal, das nicht quantitativ, also nur verbal beschreibbar ist
ordinales Merkmal	zwischen den Ausprägungen gibt es eine Rangordnung (Reihenfolge) $x_{(1)} \leq x_{(2)} \leq \ldots \leq x_{(n)}$
diskretes Merkmal	Merkmal mit endlich oder abzählbar unendlich vielen Merkmalswerten
stetiges Merkmal	mögliche Merkmalswerte bilden ein Intervall

1.2. Eindimensionale Stichproben (Daten)

Stichprobe vom Umfang n $x = (x_1, x_2, \ldots, x_n)$, x_i Messwerte

1.2.1. Häufigkeiten bei diskreten Merkmalen

Häufigkeiten bei beliebigen Merkmalen

$h_n(a_j) = h_j$ absolute Häufigkeit der Merkmalsausprägung a_j	Anzahl der Werte einer Stichprobe vom Umfang n, die gleich a_j sind; $0 \leq h_n(a_j) \leq n$ für alle j ; $\sum_j h_n(a_j) = n$
$r_n(a_j) = r_j = \frac{h_j}{n}$ relative Häufigkeit von a_j	$0 \leq r_n(a_j) \leq 1$ für alle j ; $\sum_j r_n(a_j) = 1$
$100 \cdot r_n(a_j)$ prozentuale Häufigkeit von a_j	$100 \cdot r_n(a_j)$ % der Beobachtungswerte besitzen die Merkmalsausprägung a_j

Summenhäufigkeiten und empirische Verteilungsfunktion bei quantitativen Merkmalen

Gegeben sei ein quantitives Merkmal mit $a_1 < a_2 < \ldots < a_j < \ldots$

$H_n(a_j) = \sum_{k=1}^{j} h_n(a_k) = \sum_{k=1}^{j} h_k$	absolute Summenhäufigkeit von a_j
$R_n(a_j) = \sum_{k=1}^{j} r_n(a_k) = \sum_{k=1}^{j} r_k$	relative Summenhäufigkeit von a_j
$F_n(x) = \sum_{j: a_j \leq x} r_n(a_j)$, $x \in \mathbb{R}$	empirische Verteilungsfunktion

Eigenschaften der empirischen Verteilungsfunktion

$$F_n(x) = \frac{\text{Anzahl der Stichprobenwerte } x_i \text{ mit } x_i \leq x}{n}$$

$F_n(x) = 0$ für $x < x_{min} = \min\{x_1, x_2, \ldots, x_n\}$

$F_n(x) = 1$ für $x \geq x_{max} = \max\{x_1, x_2, \ldots, x_n\}$

F_n ist eine monoton wachsende Treppenfunktion
Sprungstellen: Werte der Stichprobe; Sprunghöhen: relative Häufigkeiten

Häufigkeitstabelle einer Stichprobe

Werte	1	2	3	4	5	6	Summe
absolute Häufigkeiten	18	15	17	13	16	21	100
relative Häufigkeiten	0,18	0,15	0,17	0,13	0,16	0,21	1
rel. Summenhäufigkeit	0,18	0,33	0,50	0,63	0,79	1,00	

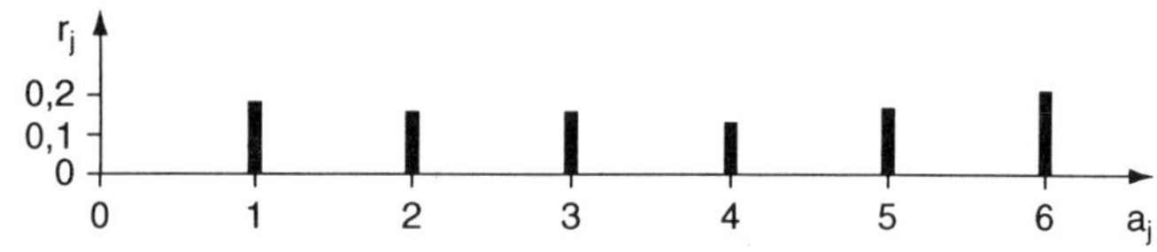

Stabdiagramm einer Stichprobe

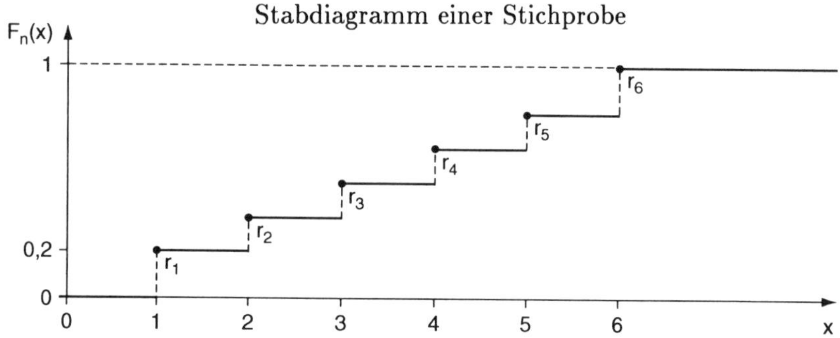

empirische Verteilungsfunktion einer Stichprobe

1.2.2. Mittelwerte (Lokalisationsmaße)

Arithmetisches Mittel (Mittelwert) bei quantitativen Merkmalen

$\bar{x} = \frac{1}{n}\sum_{i=1}^{n} x_i$	arithmetisches Mittel
$\bar{x} = \frac{1}{n}\sum_{j=1}^{m} h_j \cdot a_j = \sum_{j=1}^{m} r_j \cdot a_j$	bei Häufigkeitstabellen
h_j = absolute; r_j = relative Häufigkeit	$n \cdot \bar{x} = \sum_{i=1}^{n} x_i$ (Gesamtsumme)
$\overline{a + b\,x} = a + b\,\bar{x}$	$a + b\,x = (a + b\,x_1, \ldots, a + b\,x_n)$
$a, b \in \mathbb{R}$	linear transformierte Stichprobe

Gewichtetes (gewogenes) arithmetisches Mittel

$\bar{x}^w = \sum_{i=1}^{n} w_i \cdot x_i$	$0 \le w_i \le 1$ für alle i mit $\sum_{i=1}^{n} w_i = 1$; w_i Gewichte

Median (Zentralwert) bei ordinalen Merkmalen

Bezüglich der Rangordnung sortierte Stichprobe $x_{(1)} \le x_{(2)} \le \ldots \le x_{(n)}$

$\tilde{x} = x_{\left(\frac{n+1}{2}\right)}$, n ungerade	der in der Mitte stehende Stichprobenwert ist der Median
$\tilde{x} = x_{\left(\frac{n}{2}\right)}$; $\tilde{x} = x_{\left(\frac{n}{2}+1\right)}$, n gerade	die beiden in der Mitte stehenden Stichprobenwerte sind Mediane
$\tilde{x} = \frac{1}{2}\left(x_{\left(\frac{n}{2}\right)} + x_{\left(\frac{n}{2}+1\right)}\right)$, n gerade	wird bei quantitativen Merkmalen häufig als Median bezeichnet

Eigenschaften des Medians

Mindestens die Hälfte der Beobachtungswerte sind kleiner oder gleich und mindestens die Hälfte größer oder gleich dem Median $\tilde{x}$.

Höchstens die Hälfte der Beobachtungswerte sind kleiner und höchstens die Hälfte der Werte größer als der Median $\tilde{x}$.

Der Median zerlegt die der Größe nach geordnete Stichprobe in zwei ungefähr gleich große Bereiche. Im Gegensatz zum arithmetischen Mittel ist der Median unempfindlich gegenüber Ausreißern. Er liegt im Zentrum der geordneten Stichprobe.

Harmonisches Mittel bei quantitativen positiven Merkmalswerten

$\bar{x}_h = \dfrac{1}{\frac{1}{n}\sum_{i=1}^{n}\frac{1}{x_i}} = \dfrac{1}{\frac{1}{n}\sum_{j=1}^{m}\frac{h_j}{a_j}} = \dfrac{1}{\sum_{j=1}^{m}\frac{r_j}{a_j}}$	für $x_i > 0$ für alle i; reziproker Wert des arithmetischen Mittels der reziproken Werte

Gewichtetes harmonisches Mittel

$\bar{x}_h^w = \dfrac{1}{\sum_{i=1}^{n}\frac{w_i}{x_i}}$	für $x_i > 0$ für alle i $0 \le w_i \le 1$ für alle i und $\sum_{i=1}^{n} w_i = 1$

Geometrisches Mittel bei quantitativen positiven Merkmalswerten

$\bar{x}_g = \sqrt[n]{x_1 \cdot x_2 \cdot \ldots \cdot x_n}$	für $x_i > 0$, $i = 1, 2, \ldots, n$
$= \sqrt[n]{a_1^{h_1} \cdot a_2^{h_2} \cdot \ldots \cdot a_m^{h_m}} = a_1^{r_1} \cdot a_2^{r_2} \cdot \ldots \cdot a_m^{r_m}$	(bei Häufigkeiten)

Gewichtetes (gewogenes) geometrisches Mittel

$\bar{x}_g^w = x_1^{w_1} \cdot x_2^{w_2} \cdot \ldots \cdot x_n^{w_n}$	für $x_i > 0$, $i = 1, 2, \ldots, n$ $0 \le w_i \le 1$ für alle i und $\sum_{i=1}^{n} w_i = 1$

Vergleich der Mittelwerte für $x_i > 0$, $i = 1, 2, \ldots, n$

$\overline{x}_h < \overline{x}_g < \overline{x}$	falls nicht alle Beobachtungswerte gleich sind
$\overline{x}_h = \overline{x}_g = \overline{x}$	für $x_1 = x_2 = \ldots = x_n > 0$

Die gleiche Beziehung gilt auch für die entsprechenden gewichteten Mittelwerte, falls bei allen drei Mittelwertbildungen jeweils die gleichen Gewichte w_i für $i = 1, 2, \ldots, n$ benutzt werden.

Der Median lässt sich mit den übrigen Mittelwerten nicht vergleichen. Er kann größer oder kleiner sein als das arithmetische, das geometrische oder das harmonische Mittel.

Anwendung der gewichteten Mittelwerte
r Stichproben mit den Umfängen $n_1, n_2, \ldots, n_r$ sollen die Mittelwerte $m_1, m_2, \ldots, m_r$ (arithmetisch, geometrisch oder harmonisch) besitzen. Die r Stichproben werden zu einer einzigen Stichprobe zusammengefasst mit dem Umfang $n = n_1 + n_2 + \ldots + n_r$. Dann ist der Mittelwert der gesamten Stichprobe das gewichtete Mittel der r Mittelwerte $m_1, m_2, \ldots, m_r$ mit den Gewichten

$$w_1 = \frac{n_1}{n};\; w_2 = \frac{n_2}{n};\ldots;\; w_r = \frac{n_r}{n}$$

(relative Anteile der Teilstichproben an der gesamten Stichprobe).

Beispiel für das arithmetische und das harmonische Mittel
Eine Ware werde zu den verschiedenen Preisen $p_1, p_2, \ldots, p_n$ je Mengeneinheit gekauft. Für den durchschnittlichen Preis pro Mengeneinheit erhält man in Abhängigkeit vom Kaufverhalten

jeweils die gleiche Menge $\quad \overline{p} = \frac{1}{n}\sum_{i=1}^{n} p_i \quad$ (arithmetisches Mittel)

Menge M_i zum Preis p_i für $i = 1, 2, \ldots, n$ $\quad \overline{p}^w = \sum_{i=1}^{n} w_i \cdot p_i\,;\; w_i = \frac{M_i}{\sum_{k=1}^{n} M_k}$ für $i = 1, \ldots, n$

(gewichtetes arithmetisches Mittel)

jeweils für den gleichen Betrag b $\quad \overline{p}_h = \frac{1}{\frac{1}{n}\sum_{i=1}^{n}\frac{1}{p_i}} \quad$ (harmonisches Mittel)

für den Betrag b_i zum Preis p_i für $i = 1, 2, \ldots, n$ $\quad \overline{p}_h^w = \frac{1}{\sum_{i=1}^{n}\frac{w_i}{p_i}}$ mit $w_i = \frac{b_i}{\sum_{k=1}^{n} b_k}$ für $i = 1, \ldots, n$.

(gewichtetes harmonisches Mittel)

Beispiel für das geometrische Mittel

Während n Jahren stiegen die Preise für eine bestimmte Ware der Reihe nach um $p_1, p_2, \ldots, p_n$%. Mit den Preissteigerungsfaktoren $q_i = 1 + \frac{p_i}{100}$ erhält man den gesamten Faktor $q_1 \cdot q_2 \cdot \ldots \cdot q_n$. Für den mittleren Faktor q mit $q = 1 + \frac{p}{100}$ gilt $q^n = q_1 \cdot q_2 \cdot \ldots \cdot q_n$, also $q = \sqrt[n]{q_1 \cdot q_2 \cdot \ldots \cdot q_n}$.

Mittlere prozentuale Preissteigerung: $p\,\% = 100 \cdot (q-1)\ \%$.

Quantile bei ordinalen Merkmalen

Geordnete Stichprobe $x_{(1)} \le x_{(2)} \le x_{(3)} \le \cdots \le x_{(n)}$

Für $0 < q < 1$ ist das q-Quantil $\tilde{x}_q$ definiert durch

$n \cdot q$ nicht ganzzahlig: $\tilde{x}_q = x_{(k)}$; k = kleinste ganze Zahl mit $k > n \cdot q$;

$n \cdot q$ ganzzahlig: $\tilde{x}_q = x_{(nq)}$ und $\tilde{x}_q = x_{(nq+1)}$

bzw. alle dazwischen liegenden Merkmalswerte sind q-Quantile.

Eigenschaft des q-Quantils: Mindestens $100 \cdot q\,\%$ der Beobachtungswerte sind kleiner oder gleich und mindestens $100 \cdot (1-q)\,\%$ größer oder gleich $\tilde{x}_q$. Höchstens $100 \cdot q\ \%$ der Beobachtungswerte sind kleiner und höchstens $100 \cdot (1-q)\,\%$ größer als $\tilde{x}_q$.

Spezielle Quantile:
$\tilde{x}_{0,5} = \tilde{x}$ (Median); $\tilde{x}_{0,25}$ **unteres Quartil**; $\tilde{x}_{0,75}$ **oberes Quartil**

1.2.3. Klasseneinteilung

Bei stetigen quantitativen Merkmalen wird eine Stichprobe $(x_1, x_2, \ldots, x_n)$ übersichtlich in einer Klasseneinteilung dargestellt.

$g_0, g_1, g_2, \ldots, g_m$	Klassengrenzen
Klasse $K_j = (g_{j-1}; g_j]$	$= \{x \mid g_{j-1} < x \le g_j\}$ für $j = 1, 2, \ldots, m$
$b_j = g_j - g_{j-1}$	Klassenbreite der j-ten Klasse
$u_j = \frac{g_{j-1} + g_j}{2}$	Klassenmitte der j-ten Klasse
h_j	absolute Klassenhäufigkeit von K_j
$r_j = \frac{h_j}{n}$	relative Klassenhäufigkeit von K_j
$\frac{r_j}{b_j}$	Rechteckshöhe für die Klasse K_j ergibt ein **flächenproportionales Histogramm**

$F_n(g_0) = 0$ $F_n(g_j) = \sum_{k=1}^{j} r_k , j = 1, 2, \ldots, m$	exakte Werte der empirischen Verteilungsfunktion F_n
$F_n(x) \equiv 0$ für $x < g_0$;	
$F_n(x) \equiv 1$ für $x \geq g_m$	
geradlinige Verbindung der Punkte $(g_0, 0)$; $(g_j, F_n(g_j))$ $j = 1, 2, \ldots, m$	ergibt die **klassierte Verteilungsfunktion** $\tilde{F}_n(x)$
$\bar{x} \approx \frac{1}{n} \sum_{j=1}^{m} h_j u_j = \sum_{j=1}^{m} r_j u_j$	Näherungswert für das arithmetische Mittel (alle Werte einer Klasse werden mit der Klassenmitte identifiziert)
$\tilde{x}$ mit $\tilde{F}_n(\tilde{x}) = \frac{1}{2}$	Näherungswert für den Median; im flächenproportionalen Histogramm sind die Inhalte der Flächen links und rechts von $\tilde{x}$ jeweils gleich $\frac{1}{2}$
$\tilde{x}_q$ mit $\tilde{F}_n(\tilde{x}_q) = q$	Näherungswert für das q-Quantil; im flächenproportionalen Histogramm ist der Inhalt der Fläche links von $\tilde{x}_q$ gleich q und rechts davon gleich $1 - q$

Beispiel:

Klasse	Breite	abs. Häufigkeit	rel. Häufigkeit	Höhe
$K_1 = (0; 30]$	30	15	0,30	0,0100
$K_2 = (30; 80]$	50	19	0,38	0,0076
$K_3 = (80; 100]$	20	16	0,32	0,0160
Summe	100	50	1,00	

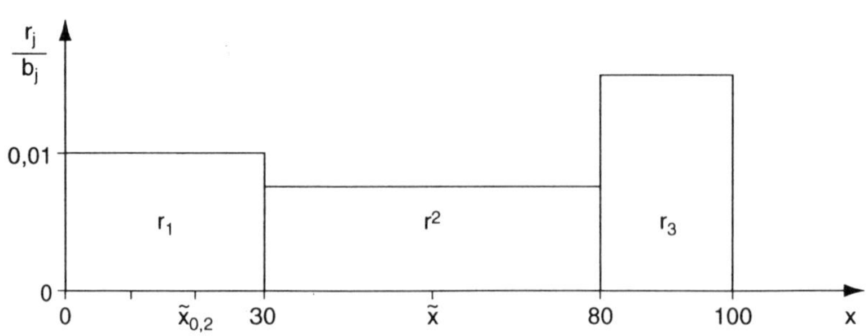

flächenproportionales Histogramm

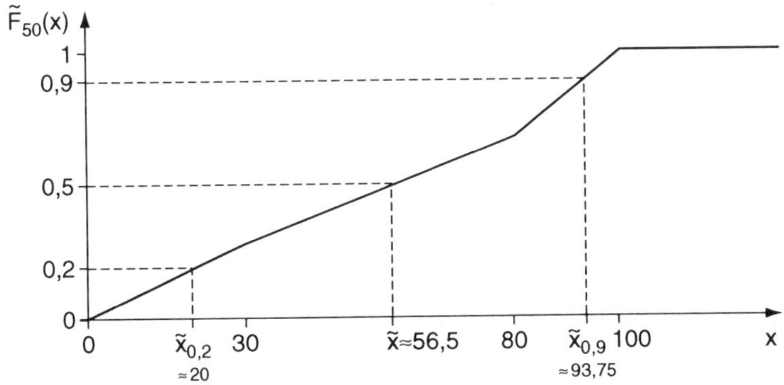

klassierte Verteilungsfunktion

1.2.4. Streuungsmaße

$R = x_{max} - x_{min}$	Spannweite
$\tilde{x}_{0,75} - \tilde{x}_{0,25}$	Quartilsabstand
$d_{\bar{x}} = \frac{1}{n} \sum_{i=1}^{n} \lvert x_i - \bar{x} \rvert$	mittlerer Abstand vom Mittelwert $\bar{x}$
$d_{\tilde{x}} = \frac{1}{n} \sum_{i=1}^{n} \lvert x_i - \tilde{x} \rvert$	mittlerer Abstand vom Median $\tilde{x}$
$s^2 = \frac{1}{n-1} \sum_{i=1}^{n} (x_i - \bar{x})^2 = \frac{1}{n-1} \left(\sum_{i=1}^{n} x_i^2 - n\,\bar{x}^2 \right)$	empirische Varianz
$s = \sqrt{s^2}$	empirische Standardabweichung
$s^2_{korr} = \tilde{s}^2 - \frac{b^2}{12}$	Sheppard-Korrektur bei Klasseneinteilung mit konstanter Klassenbreite b; $\tilde{s}^2$ Varianz, bei der alle Werte einer Klasse mit der Klassenmitte identifiziert werden
$v = \frac{s}{\bar{x}}$	empirischer Variationskoeffizient
Eigenschaften:	
$d_{\tilde{x}} \leq d_{\bar{x}} < s$ für $s > 0$	
$s^2_{a+bx} = b^2 \cdot s^2_x$	$a + b\,x = (a + b\,x_1, a + b\,x_2, \ldots, a + b\,x_n)$ linear transformierte Stichprobe
$s_{a+bx} = \lvert b \rvert \cdot s_x$; $a, b \in \mathbb{R}$	

Steinerscher Verschiebungssatz

$$\sum_{i=1}^{n}(x_i-c)^2=\sum_{i=1}^{n}(x_i-\overline{x})^2+n\cdot(\overline{x}-c)^2 \quad \text{für jede Konstante } c\in\mathbb{R}$$

$$\frac{1}{n-1}\sum_{i=1}^{n}(x_i-c)^2=\frac{1}{n-1}\sum_{i=1}^{n}(x_i-\overline{x})^2+\frac{n}{n-1}\cdot(\overline{x}-c)^2 \quad \Rightarrow$$

$$\frac{1}{n-1}\sum_{i=1}^{n}(x_i-c)^2>s^2 \quad \text{für jedes } c\neq\overline{x}$$

$$\frac{1}{n-1}\sum_{i=1}^{n}(x_i-\tilde{x})^2>s^2 \quad \text{für } \tilde{x}\neq\overline{x}$$

Empirische Momente

$m_r(c)=\frac{1}{n}\sum_{i=1}^{n}(x_i-c)^r$	r-tes Moment bezüglich $c\in\mathbb{R}$
$m_r(0)=\frac{1}{n}\sum_{i=1}^{n}x_i^r$	r-tes Anfangsmoment mit $m_1(0)=\overline{x}$
$m_r(\overline{x})=\frac{1}{n}\sum_{i=1}^{n}(x_i-\overline{x})^r$	r-tes zentrales Moment
$m_2(\overline{x})=\frac{n-1}{n}\cdot s^2$	zweites zentrales Moment

Empirische Schiefe

$$v_1=\frac{\frac{1}{n}\sum_{i=1}^{n}(x_i-\overline{x})^3}{\sqrt{\left(\frac{1}{n}\sum_{i=1}^{n}(x_i-\overline{x})^2\right)^3}}=\frac{\frac{1}{n}\sum_{j=1}^{m}h_j\cdot(a_j-\overline{x})^3}{\sqrt{\left(\frac{1}{n}\sum_{j=1}^{m}h_j\cdot(a_j-\overline{x})^2\right)^3}}$$

h_j = absolute Häufigkeit von a_j

Bei symmetrischen Verteilungen verschwindet die Schiefe. Für $v_1<0$ ist die Verteilung linksschief, für $v_1>0$ rechtsschief. Je größer der Betrag der Schiefe ist, umso schiefer ist die Verteilung.

Empirischer Exzess (Wölbung)

$$v_2=\frac{\frac{1}{n}\sum_{i=1}^{n}(x_i-\overline{x})^4}{\left(\frac{1}{n}\sum_{i=1}^{n}(x_i-\overline{x})^2\right)^2}-3=\frac{\frac{1}{n}\sum_{j=1}^{m}h_j\cdot(a_j-\overline{x})^4}{\left(\frac{1}{n}\sum_{j=1}^{m}h_j\cdot(a_j-\overline{x})^2\right)^2}-3$$

h_j = absolute Häufigkeit von a_j

Der Exzess vergleicht eine eingipflige Verteilung mit der Dichte der Normalverteilung. Ist der Exzess positiv, so ist das Maximum der Häufigkeitsverteilung größer als das der Normalverteilung. Dann ist die Häufigkeitsverteilung "spitzer" als die Dichte einer Normalverteilung.

1.2.5. Konzentrationsmaße

Lorenzkurve bei Einzelwerten

Lorenzkurve bei Einzelwerten

Voraussetzung: $0 \leq x_1 \leq x_2 \leq \ldots \leq x_n$ mit $\sum_{i=1}^{n} x_i > 0$

$u_k = \frac{k}{n}$ für $k = 1, 2, \ldots, n$ — relativer Anteil der ersten k Merkmalsträger an allen n Merkmalsträgern

$v_k = \frac{\sum_{i=1}^{k} x_i}{\sum_{i=1}^{n} x_i}$ für $k = 1, 2, \ldots, n$ — relativer Anteil der ersten k Merkmalsträger an der Gesamtsumme $\sum_{i=1}^{n} x_i$

Geradlinige Verbindung der Punkte

$(u_0, v_0) = (0, 0), (u_1, v_1), (u_2, v_2),$

$\ldots, (u_{n-1}, v_{n-1}), (u_n, v_n) = (1, 1)$

ergibt die **Lorenzkurve**

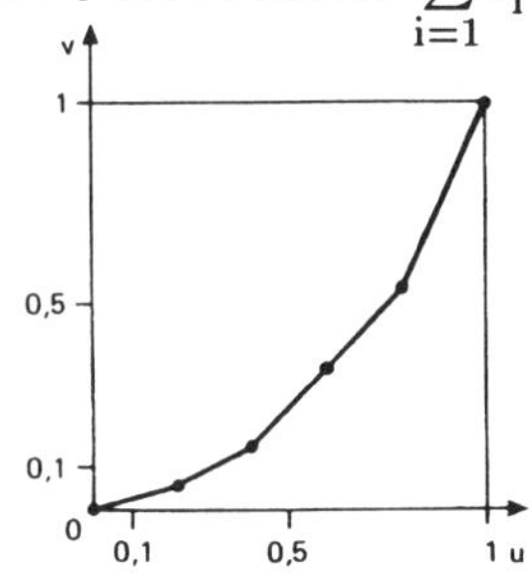

Lorenzkurve

Keine Konzentration

$\Leftrightarrow \quad x_1 = x_2 = \ldots = x_n > 0$

$\Leftrightarrow$ Lorenzkurve ist die Diagonale von $(0, 0)$ bis $(1, 1)$

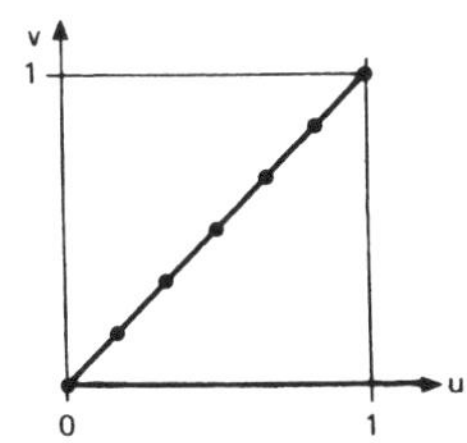

keine Konzentration

Vollständige Konzentration

$\Leftrightarrow x_1 = x_2 = \ldots = x_{n-1} = 0$

$\wedge \; x_n > 0$

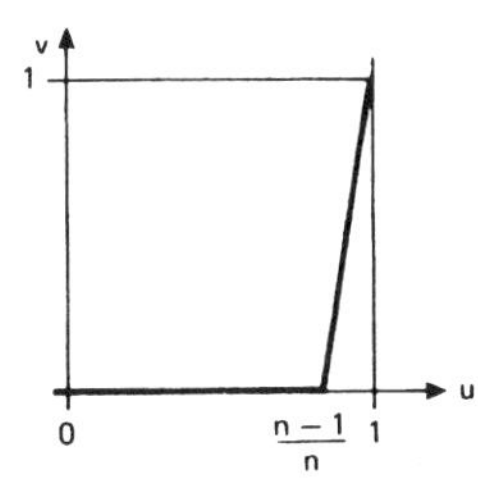

vollständige Konzentration

Lorenzkurve bei Häufigkeitsverteilungen

quantitative Merkmalsausprägungen

$0 \le a_1 < a_2 < \ldots < a_m$

$h_j = h_n(a_j)$	absolute Häufigkeit von a_j
$r_j = r_n(a_j) = \frac{h_j}{n}, j = 1, 2, \ldots, m$	relative Häufigkeit von a_j
$\sum_{j=1}^{k} h_j,\ k = 1, 2, \ldots, m$	Anzahl der Träger der k kleinsten Merkmalsausprägungen
$u_k = \frac{1}{n}\sum_{j=1}^{k} h_j = \sum_{j=1}^{k} r_j$	relative Anzahl der Träger der k kleinsten Merkmalsausprägungen
$v_k = \frac{\sum_{j=1}^{k} h_j a_j}{\sum_{j=1}^{m} h_j a_j}$ für $k = 1, \ldots, m$	relativer Anteil der Träger der k kleinsten Merkmalsausprägungen an der Gesamtsumme

Die **Lorenzkurve** verläuft durch die $m + 1$ Punkte

$(u_0, v_0) = (0, 0), (u_1, v_1), (u_2, v_2), \ldots, (u_{m-1}, v_{m-1}), (u_m, v_m) = (1, 1).$

Lorenzkurve bei Klasseneinteilungen

Neben der Klasseneinteilung $K_1, K_2, \ldots, K_m$ sei für jede Klasse K_j die Summe w_j der in K_j liegenden Stichprobenwerte bekannt. Für jeden Klassenendpunkt (rechter Randpunkt) kann der Wert der Lorenzkurve berechnet werden durch

$u_k = \frac{1}{n}\sum_{j=1}^{k} h_j = \sum_{j=1}^{k} r_j$	relative Anzahl der Träger der k kleinsten Merkmalsausprägungen
$v_k = \frac{\sum_{j=1}^{k} w_j}{\sum_{j=1}^{m} w_j}$ für $k = 1, \ldots, n$	relativer Anteil der Träger der k kleinsten Merkmalsausprägungen an der Gesamtsumme

$$= \frac{\text{Summe der Beobachtungswerte der ersten k Klassen}}{\text{Summe sämtlicher Beobachtungswerte}}$$

Punkte der Lorenzkurve:

$(u_0, v_0) = (0, 0), (u_1, v_1), (u_2, v_2), \ldots, (u_{m-1}, v_{m-1}), (u_m, v_m) = (1, 1).$

Innerhalb einer jeden Klasse ist die Lorenzkurve geradlinig. Man geht also von einer gleichmäßigen Verteilung in jeder Klasse aus.

Konzentrationsfläche und Gini-Koeffizient (Konzentrationsmaß)

Konzentrationsfläche

K ist der Inhalt der Konzentrationsfläche, die zwischen der ersten Winkelhalbierenden und der Lorenzkurve liegt.

Keine Konzentration $\Leftrightarrow K = 0$

vollständige Konzentration

$\Leftrightarrow K = \frac{1}{2} - \frac{1}{2n} = \frac{n-1}{2n}$

$0 \leq K \leq \frac{n-1}{2n}$

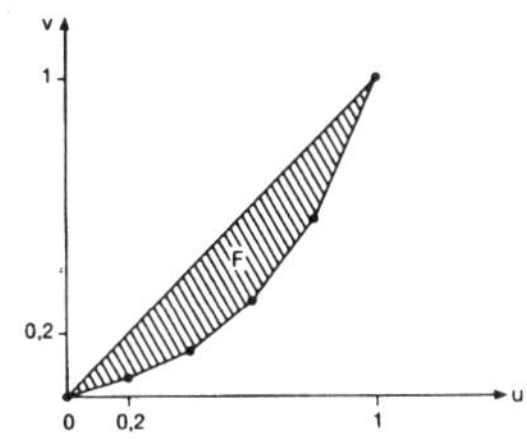

Konzentrationsfläche

Gini-Koeffizient (Konzentrationsmaß)

$G = \frac{K}{1/2} = 2K$ — Gini-Koeffizient (normierte Konzentrationsfläche)

$0 \leq G \leq \frac{n-1}{n} \to 1$ für $n \to \infty$

$G = 0$ — $\Leftrightarrow$ keine Konzentration

$G = \frac{n-1}{n}$ — $\Leftrightarrow$ vollständige Konzentration

$$G = 1 - \sum_{k=1}^{m} (u_k - u_{k-1}) \cdot (v_{k-1} + v_k)$$

folgt aus der Trapezregel

$$= \sum_{k=1}^{m} (u_{k-1} + u_k) \cdot (v_k - v_{k-1}) - 1$$

$$= \frac{2 \sum_{i=1}^{n} i \cdot x_i}{n \cdot \sum_{i=1}^{n} x_i} - \frac{n+1}{n}$$

bei einer Beobachtungsreihe $(x_1, x_2, \ldots, x_n)$

$$= \sum_{k=1}^{m} (u_{k-1} + u_k) \cdot \frac{h_k a_k}{\sum_{j=1}^{m} h_j a_j}$$

bei Häufigkeitsverteilungen

Gini-Koeffizient einer linear transformierten Stichprobe

$0 \leq x_1 \leq x_2 \leq x_3 \leq \ldots \leq x_n$

Punkte der Lorenzkurve (u_k, v_k); Gini-Koeffizient G;

lineare Transformation: $y_i = a + b x_i$, $a, b \in \mathbb{R}$, $b > 0$;
Koordinaten der Punkte der Lorenzkurve der transformierten Stichprobe:

$$u_k^* = u_k \; ; \quad v_k^* = \frac{a \cdot u_k + b \cdot \bar{x} \cdot v_k}{a + b \cdot \bar{x}} \quad \text{für } k = 1, 2, \ldots, m$$

$G^* = \frac{b \cdot \bar{x}}{a + b \cdot \bar{x}} \cdot G$ Gini-Koeffizient der linear transformierten Stichprobe

$a = 0, b \neq 0 \;\Rightarrow\; G^* = G$; G ist unabhängig vom Maßstab.

Normierter Gini-Koeffizient

$G_{norm} = \frac{n}{n-1} \cdot G$ normierter Gini-Koeffizient

mit G = Gini-Koeffizient

Eigenschaften

$0 \leq G_{norm} \leq 1$

$G_{norm} = 0 \Leftrightarrow$ keine Konzentration

$G_{norm} = 1 \Leftrightarrow$ vollständige Konzentration

Herfindahl-Index

Voraussetzung: $0 \leq x_1 \leq x_2 \leq \ldots \leq x_n$ mit $\sum_{i=1}^{n} x_i > 0$

$$H = \frac{\sum_{i=1}^{n} x_i^2}{\left(\sum_{i=1}^{n} x_i\right)^2} = \frac{\sum_{i=1}^{n} x_i^2}{n^2 \cdot \bar{x}^2}$$ Herfindahl-Index

$H = \frac{1}{n}\left[\frac{n-1}{n} \cdot v^2 + 1\right]; \; v = \frac{s}{\bar{x}}$ v = empirischer Variationskoeffizient

$\frac{1}{n} \leq H \leq 1$

$H = \frac{1}{n}$ $\Leftrightarrow$ $x_1 = x_2 = \ldots = x_n > 0$
keine Konzentration

$H = 1$ $\Leftrightarrow$ $x_1 = x_2 = \ldots = x_{n-1} = 0; \; x_n > 0$
vollständige Konzentration

Die linear transformierte Stichprobe $y_i = a + b\,x_i$ für $i = 1, 2, \ldots, n$ besitzt den Herfindahl-Index

$$H^* = \frac{1}{(a + b\,\bar{x})^2} \cdot \left(\frac{a^2 + 2\,a\,b\,\bar{x}}{n} + b^2 \cdot \bar{x}^2 \cdot H\right);$$

H = Herfindahl-Index der Stichprobe $(x_1, x_2, \ldots, x_n)$.

$a = 0; \; b \neq 0 \Rightarrow H^* = H;$ H ist vom Maßstab unabhängig.

1.3. Zweidimensionale Stichproben

1.3.1. Grundbegriffe

Zweidimensionale (verbundene) Stichprobe vom Umfang n

$(x, y) = ((x_1, y_1), (x_2, y_2), \ldots, (x_n, y_n))$

(x_i, y_i) am i-ten Individuum festgestellte Ausprägungen zweier Merkmale

$x = (x_1, x_2, \ldots, x_n)$ (eindimensionale) Randstichprobe

$y = (y_1, y_2, \ldots, y_n)$ (eindimensionale) Randstichprobe

Bei quantitativen Merkmalen kann die zweidimensionale Stichprobe in einem **Streuungsdiagramm** graphisch dargestellt werden.

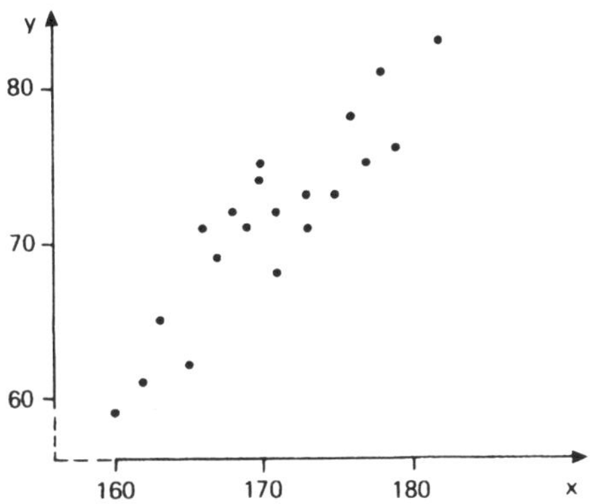

Streuungsdiagramm (Körpergröße und Körpergewicht)

1.3.2. Häufigkeiten und bedingte Häufigkeiten

Absolute und relative Häufigkeiten

$a_1, a_2, \ldots, a_j, \ldots$	Ausprägungen des ersten Merkmals A
$b_1, b_2, \ldots, b_k, \ldots$	Ausprägungen des zweiten Merkmals B
(x_i, y_i), $i = 1, 2, \ldots, n$	x_i bzgl. des Merkmals A; y_i bzgl. B
$h_{jk} = h_n(a_j, b_k)$	absolute Häufigkeit des Merkmalspaares (a_j, b_k)
$r_{jk} = \frac{h_{jk}}{n}$	relative Häufigkeit des Merkmalspaares (a_j, b_k)
$\sum_{j,k} h_{jk} = n$; $\sum_{j,k} r_{jk} = 1$	

Summenhäufigkeiten (kumulierte Häufigkeiten)

$a_1 < a_2 < \ldots < a_j < \ldots\,; \quad b_1 < b_2 < \ldots < b_k < \ldots$	(geordnet)
$H_{jk} = \sum\limits_{\nu=1}^{j} \sum\limits_{\mu=1}^{k} h_{jk}$	absolute Summenhäufigkeit von $(a_j\,, b_k)$
$R_{jk} = \sum\limits_{\nu=1}^{j} \sum\limits_{\mu=1}^{k} r_{jk} = \frac{H_{jk}}{n}$	relative Summenhäufigkeit von $(a_j\,, b_k)$

Randhäufigkeiten

$h_{j\cdot} = \sum\limits_{k} h_{jk} = h_n(a_j)$	absolute Häufigkeit des Merkmalswertes a_j
$h_{\cdot k} = \sum\limits_{j} h_{jk} = h_n(b_k)$	absolute Häufigkeit des Merkmalswertes b_k
$r_{j\cdot} = \sum\limits_{k} r_{jk} = \frac{h_n(a_j)}{n}$	relative Häufigkeit des Merkmalswertes a_j
$r_{\cdot k} = \sum\limits_{j} r_{jk} = \frac{h_n(b_k)}{n}$	relative Häufigkeit des Merkmalswertes b_k

$$h_{\cdot\cdot} = \sum_{k} h_{\cdot k} = \sum_{j} h_{j\cdot} = \sum_{j,k} h_{jk} = n\,; \quad r_{\cdot\cdot} = \sum_{k} r_{\cdot k} = \sum_{j} r_{j\cdot} = \sum_{j,k} r_{jk} = 1$$

Bedingte absolute Häufigkeiten

$h_n\,(a_j \mid b_k) = h_{jk}$	Anzahl der Stichprobenpaare $(x_i\,, y_i)$ mit $y_i = b_k$; absolute Häufigkeit von a_j unter der Bedingung b_k; Häufigkeit von a_j bei vorgegebenem (festem) b_k
$h_n\,(b_k \mid a_j) = h_{jk}$	Anzahl der Stichprobenpaare $(x_i\,, y_i)$ mit $x_i = a_j$; absolute Häufigkeit von b_k unter der Bedingung a_j; Häufigkeit von b_k bei vorgegebenem (festem) a_j

Bedingte relative Häufigkeiten

Die Anzahl der Stichprobenpaare $(x_i\,, y_i)$ mit $y_i = b_k$ beträgt

$\sum\limits_{j} h_{jk} = h_{\cdot k}$ (neuer Stichprobenumfang)

$r_n\,(a_j \mid b_k) = \frac{h_{jk}}{h_{\cdot k}} = \frac{r_{jk}}{r_{\cdot k}} = \frac{r_n\,(a_j\,, b_k)}{r_n\,(b_k)}$	relative Häufigkeit der Stichprobenpaare $(x_i\,, y_i)$ mit $y_i = b_k$; bedingte relative Häufigkeit von a_j bei vorgegegebenem b_k (fest);
$r_n\,(b_k \mid a_j) = \frac{h_{jk}}{h_{j\cdot}} = \frac{r_{jk}}{r_{j\cdot}} = \frac{r_n\,(a_j\,, b_k)}{r_n\,(a_j)}$	bedingte relative Häufigkeit von b_k bei vorgegebenem a_j (fest).

Zusammenhang: Randhäufigkeiten - bedingte relative Häufigkeiten

$r_{j\cdot} = \sum\limits_{k} r_{jk} = \sum\limits_{k} r_n\,(a_j \mid b_k) \cdot r_{\cdot k}\,;$ für $j = 1\,, 2\,, \ldots$

$r_{\cdot k} = \sum\limits_{j} r_{jk} = \sum\limits_{j} r_n\,(b_k \mid a_j) \cdot r_{j\cdot}$ für $k = 1\,, 2\,, \ldots$

Kontingenztafel (Häufigkeitstabelle)
Bei nur endlich vielen verschiedenen Merkmalsausprägungen können die absoluten bzw. relativen Häufigkeiten in einer Kontingenztafel übersichtlich dargestellt werden.

	b_1	b_2	...	b_k	...	b_l	Summe
a_1	h_{11}	h_{12}	...	h_{1k}	...	h_{1l}	$h_{1\cdot}$
a_2	h_{21}	h_{22}	...	h_{2k}	...	h_{2l}	$h_{2\cdot}$
$\vdots$	$\vdots$	$\vdots$		$\vdots$		$\vdots$	$\vdots$
a_j	h_{j1}	h_{j2}	...	h_{jk}	...	h_{jl}	$h_{j\cdot}$
$\vdots$	$\vdots$	$\vdots$		$\vdots$		$\vdots$	$\vdots$
a_m	h_{m1}	h_{m2}	...	h_{mk}	...	h_{ml}	$h_{m\cdot}$
Summe	$h_{\cdot 1}$	$h_{\cdot 2}$	...	$h_{\cdot k}$	...	$h_{\cdot l}$	$h_{\cdot\cdot} = n$

Kontingenztafel für die absoluten Häufigkeiten.

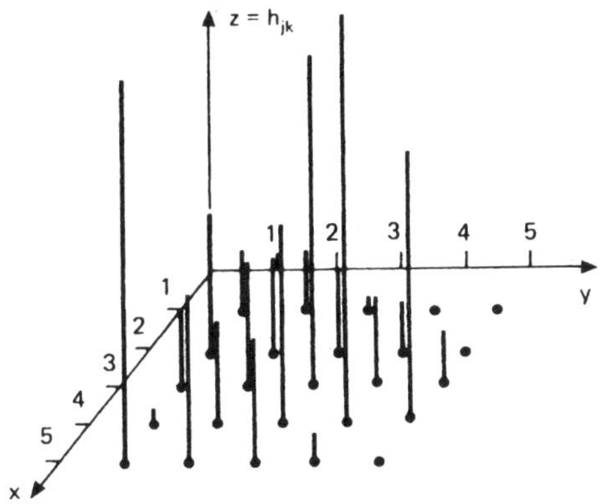

Stabdiagramm einer zweidimensionalen Häufigkeitsverteilung

1.3.3. Mittelwerte und bedingte Mittelwerte

Die zweidimensionale Stichprobe (x, y) sei in einer Häufigkeitstabelle gegeben.

Mittelwerte (arithmetische Mittel) der Randstichproben

$$\bar{x} = \frac{1}{n}\sum_{i=1}^{n} x_i = \frac{1}{n}\sum_{j=1}^{m} h_{j\cdot} \cdot a_j = \sum_{j=1}^{m} r_{j\cdot} \cdot a_j$$ Mittelwert der Randstichprobe x

$$\bar{y} = \frac{1}{n}\sum_{i=1}^{n} y_i = \frac{1}{n}\sum_{k=1}^{l} h_{\cdot k} \cdot b_k = \sum_{k=1}^{l} r_{\cdot k} \cdot b_k$$ Mittelwert der Randstichprobe y

Bedingte (arithmetische) Mittelwerte

Bei festgehaltenem b_k werden in der bedingten Stichprobe $x \mid (y = b_k)$ nur noch die Stichprobenpaare (x_i, y_i) mit $y_i = b_k$ gezählt.

Bedingter Mittelwert von x unter der Bedingung $(y = b_k)$ (k fest)

$$\bar{x} \mid (y = b_k) = \frac{1}{h_n(b_k)} \sum_{j=1}^{m} h_n(a_j, b_k) \cdot a_j = \frac{\sum_{j=1}^{m} h_{jk} \cdot a_j}{h_{\cdot k}} \quad \text{für } k = 1, 2, \ldots, l.$$

Bedingter Mittelwert von y unter der Bedingung $(x = a_j)$ (j fest)

$$\bar{y} \mid (x = a_j) = \frac{1}{h_n(a_j)} \sum_{k=1}^{l} h_n(a_j, b_k) \cdot b_k = \frac{\sum_{k=1}^{l} h_{jk} \cdot b_k}{h_{j\cdot}} \quad \text{für } j = 1, 2, \ldots, m.$$

$$\bar{x} = \frac{1}{n}\sum_{i=1}^{n} x_i = \frac{1}{n}\sum_{j=1}^{m} h_{j\cdot} \cdot a_j = \frac{1}{n}\sum_{j=1}^{m}\sum_{k=1}^{l} h_{jk} \cdot a_j = \sum_{k=1}^{l} \frac{h_{\cdot k}}{n} \cdot (\bar{x} \mid b_k)$$

$$\bar{y} = \frac{1}{n}\sum_{i=1}^{n} y_i = \frac{1}{n}\sum_{k=1}^{l} h_{\cdot k} \cdot b_k = \frac{1}{n}\sum_{k=1}^{l}\sum_{j=1}^{m} h_{jk} \cdot b_k = \sum_{j=1}^{m} \frac{h_{j\cdot}}{n} \cdot (\bar{y} \mid a_j)$$

(gewichtete Mittel der bedingten Mittelwerte).

1.3.4. Korrelationsrechnung

Kovarianz und Korrelationskoeffizient nach Bravais-Pearson

$$(x, y) = ((x_1, y_1), (x_2, y_2), \ldots, (x_n, y_n))$$

Kenngrößen der Randstichproben

$\bar{x} = \frac{1}{n}\sum_{i=1}^{n} x_i = \frac{1}{n}\sum_{j=1}^{m} h_{j\cdot} \cdot a_j$ Mittelwert der Randstichprobe x

$s_x^2 = \frac{1}{n-1}\sum_{i=1}^{n} (x_i - \bar{x})^2$ Varianz der Randstichprobe x

$= \frac{1}{n-1}\left(\sum_{i=1}^{n} x_i^2 - n\bar{x}^2\right)$

$\bar{y} = \frac{1}{n}\sum_{i=1}^{n} y_i = \frac{1}{n}\sum_{j=1}^{m} h_{\cdot k} \cdot b_k$ Mittelwert der Randstichprobe y

$s_y^2 = \frac{1}{n-1}\sum_{i=1}^{n} (y_i - \bar{y})^2$ Varianz der Randstichprobe y

$= \frac{1}{n-1}\left(\sum_{i=1}^{n} y_i^2 - n\bar{y}^2\right)$

Kovarianz

$s_{xy} = \frac{1}{n-1} \sum_{i=1}^{n} (x_i - \bar{x})(y_i - \bar{y})$	Kovarianz der Stichprobe (x, y)
$= \frac{1}{n-1} \left(\sum_{i=1}^{n} x_i y_i - n \bar{x} \bar{y} \right)$	
$s_{(a_1+b_1x,\, a_2+b_2y)} = b_1 \cdot b_2 \cdot s_{xy}$	Kovarianz der linear transformierten Stichprobe $(a_1 + b_1 x, a_2 + b_2 y)$

Korrelationskoeffizient nach Bravais-Pearson

$r = r_{xy} = \frac{s_{xy}}{s_x \cdot s_y}$	Korrelationskoeffizient nach Bravais-Pearson

Eigenschaften des Korrelationskoeffizienten

$-1 \leq r \leq 1$, also $\mid r \mid \leq 1$	für jede Stichprobe (x, y)
$\mid r \mid = 1$	$\Leftrightarrow$ alle Stichprobenpaare (x_i, y_i) liegen auf einer Geraden, der Regressionsgeraden (s. S. 19)
$r = 1$	$\Leftrightarrow$ Gerade hat positive Steigung
$r = -1$	$\Leftrightarrow$ Gerade hat negative Steigung
	r ist ein Maß für den linearen Zusammenhang von x und y
$r_{(a_1+b_1x)\,(a_2+b_2y)}$ $= \frac{b_1 \cdot b_2}{\mid b_1 \mid \cdot \mid b_2 \mid} \cdot \frac{s_{xy}}{s_x \cdot s_y} = \pm\, r_{xy}$	Korrelationskoeffizient der linear transformierten Stichprobe $(a_1 + b_1 x, a_2 + b_2 y)$
	r ist vom Maßstab unabhängig
$r = 0$	Beobachtungspaare unkorreliert
$r \approx 0$	Beobachtungspaare schwach korreliert
$r > 0$	Beobachtungspaare positiv korreliert
$r < 0$	Beobachtungspaare negativ korreliert

Rangkorrelationskoeffizient von Spearman bei ordinalen Merkmalen

Geordnete Stichproben

Randstichproben

$x_1, x_2, x_3, \ldots, x_n$	$y_1, y_2, y_3, \ldots, y_n$

Geordnete Randstichproben

$x_{(1)} \leq x_{(2)} \leq x_{(3)} \leq \cdots \leq x_{(n)}$	$y_{(1)} \leq y_{(2)} \leq y_{(3)} \leq \cdots \leq y_{(n)}$

Rangzahlen
Den Stichprobenwerten x_i, y_i wird als Rangzahl $R[x_i]$ bzw. $R[y_i]$ die Platznummer zugewiesen, die dieser Wert in der geordneten Stichprobe einnimmt. Bei gleichen Stichprobenwerten ordnet man jeder Ausprägung der gleichen Gruppe das arithmetische Mittel derjenigen Ränge zu, welche die übereinstimmenden Beobachtungswerte der Gruppe einnehmen (Bindungen). Auch bei Bindungen gilt

$$\sum_{i=1}^{n} R(x_i) = \sum_{i=1}^{n} R(y_i) = 1 + 2 + 3 + \ldots + n = \frac{n \cdot (n+1)}{2}$$

Spearmanscher Rangkorrelationskoeffizient

$$r_S = r_{R(x)\,R(y)} = \frac{\sum_{i=1}^{n} R(x_i) \cdot R(y_i) - \frac{n}{4}(n+1)^2}{\sqrt{\left(\sum_{i=1}^{n} R^2(x_i) - \frac{n}{4}(n+1)^2\right) \cdot \left(\sum_{i=1}^{n} R^2(y_i) - \frac{n}{4}(n+1)^2\right)}}$$

Der Spearmansche Rangkorrelationskoeffizient ist der gewöhnliche Korrelationskoeffizient nach Bravais-Pearson der n Rangzahlenpaare $(R[x_i], R[y_i])$, $i = 1, 2, \ldots, n$.

Eigenschaften

$-1 \leq r_S \leq 1$

$r_S = 1$ $\Leftrightarrow$ beide Rangzahlen verlaufen völlig gleichsinnig

$r_S = -1$ $\Leftrightarrow$ beide Rangzahlen verlaufen völlig gegensinnig

Praktische Berechnung bei Rangzahlen ohne Bindungen
Voraussetzung: Alle Ränge seien verschieden (keine Bindungen)

$$r_S = 1 - \frac{6 \sum_{i=1}^{n} [R(x_i) - R(y_i)]^2}{n(n^2 - 1)}.$$

Praktische Berechnung bei Rangzahlen mit Bindungen
(gleiche Durchschnittsränge)

$$r_S = \frac{n(n^2-1) - 6 \sum_{i=1}^{n} [R(x_i) - R(y_i)]^2 - \frac{1}{2}(B_x + B_y)}{\sqrt{[n(n^2-1) - B_x] \cdot [n(n^2-1) - B_y]}}$$

mit

$$B_x = \sum_j b_j \cdot (b_j^2 - 1); \quad B_y = \sum_k c_k \cdot (c_k^2 - 1);$$

b_j = Anzahl der x-Werte mit gleichem Rang in der j-ten Gruppe;
c_k = Anzahl der y-Werte mit gleichem Rang in der k-ten Gruppe;

Summiert wird jeweils über die Anzahl der Gruppen mit Bindungen.

1.3.5. Regressionsrechnung

Lineare Regression

Die Regressionsgerade von y bezüglich x

Der zweidimensionalen Punktwolke

$(x, y) = ((x_1, y_1), \ldots, (x_n, y_n))$

wird die Regressionsgerade von y bezüglich x $g\colon\ \hat{y} = a + b\,x$ so angepasst, dass die Summe der **vertikalen Abstandsquadrate** aller n Punkte (x_i, y_i) von g minimal ist, also

$$Q^2(a, b) = \sum_{i=1}^{n} (y_i - a - bx_i)^2 \rightarrow \min$$

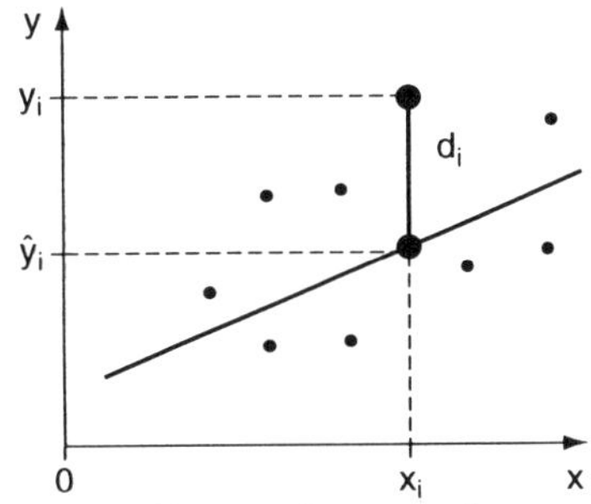

Regressionsgerade

Die Regressionsgerade von y bezüglich x besitzt die Gleichung

$$\hat{y} - \bar{y} = b \cdot (x - \bar{x}) \quad \text{mit}$$

$$b = \frac{\sum_{i=1}^{n} (x_i - \bar{x})(y_i - \bar{y})}{\sum_{i=1}^{n} (x_i - \bar{x})^2} = \frac{s_{xy}}{s_x^2} = r \cdot \frac{s_y}{s_x}$$

Regressionskoeffizient von y bezüglich x

$$Q^2(a, b) = \sum_{i=1}^{n} (y_i - \hat{y}_i)^2 = (n-1)\, s_y^2\, (1 - r^2)$$

Summe der vertikalen Abstandsquadrate

$$\hat{y}_i = \bar{y} + \frac{s_{xy}}{s_x^2} \cdot (x_i - \bar{x}); \quad i = 1, 2, \ldots, n$$

durch die Regression erklärten Werte

$$\bar{\hat{y}} = \frac{1}{n} \sum_{i=1}^{n} \hat{y}_i = \bar{y}$$

$$e_i = y_i - \hat{y}_i \quad \text{mit} \quad \sum_{i=1}^{n} e_i = 0$$

Residuen

$$s_y^2 = \frac{1}{n-1} \sum_{i=1}^{n} (y_i - \bar{y})^2 = \underbrace{\frac{1}{n-1} \sum_{i=1}^{n} (\hat{y}_i - \bar{\hat{y}})^2}_{= s_{\hat{y}}^2} + \underbrace{\frac{1}{n-1} \sum_{i=1}^{n} (y_i - \hat{y}_i)^2}_{= s_{Res}^2 \text{ (Restvarianz)}}$$

$$1 = \frac{\sum_{i=1}^{n} (\hat{y}_i - \bar{\hat{y}})^2}{\sum_{i=1}^{n} (y_i - \bar{y})^2} + \frac{\sum_{i=1}^{n} (y_i - \hat{y}_i)^2}{\sum_{i=1}^{n} (y_i - \bar{y})^2} = B + U;$$

$$B = \frac{\sum_{i=1}^{n} (\hat{y}_i - \bar{\hat{y}})^2}{\sum_{i=1}^{n} (y_i - \bar{y})^2} = \frac{s_{\hat{y}}^2}{s_y^2} = r^2$$

Bestimmtheitsmaß

$$U = 1 - B = 1 - r^2$$

Unbestimmtheitsmaß

Die Regressionsgerade von y bezüglich x durch den Punkt (x_0, y_0)

Gleichung der Regressionsgeraden von y bezüglich x durch die Stelle (x_0, y_0)

$$\hat{y} - y_0 = c \cdot (x - x_0) \quad \text{mit} \quad c = \frac{\sum_{i=1}^{n} (y_i - y_0)(x_i - x_0)}{\sum_{i=1}^{n} (x_i - x_0)^2}$$

Die Regressionsgerade von x bezüglich y

Vertauschen von x und y ergibt für die Minimierung der Summe der horizontalen Abstandsquadrate die Gleichung der Regressionsgeraden von x bezüglich y

$$\hat{x} - \overline{x} = b^* \cdot (y - \overline{y}) \quad \text{mit} \quad b^* = \frac{\sum_{i=1}^{n} (x_i - \overline{x})(y_i - \overline{y})}{\sum_{i=1}^{n} (y_i - \overline{y})^2} = \frac{s_{xy}}{s_y^2} = r \cdot \frac{s_x}{s_y};$$

$$Q^{*2} = \sum_{i=1}^{n} (x_i - \hat{x}_i)^2 = (n-1)\, s_x^2 \,(1 - r^2)$$

Summe der horizontalen Abstandsquadrate.

Regressionspolynome

Ansatz: $\hat{y} = b_0 + b_1 x + b_2 x^2 + \ldots + b_p x^p = \sum_{k=0}^{p} b_k x^k$

Summe der vertikalen Abstandsquadrate

$$Q^2(b_0, b_1, \ldots, b_p) = \sum_{i=1}^{n} [y_i - b_0 - b_1 x_i - \ldots - b_p x_i^p]^2 \to \min$$

$$\frac{\partial Q^2(b_0, b_1, \ldots, b_p)}{\partial b_k} = 0 \quad \text{für} \quad k = 0, 1, 2, \ldots, p \text{ ergibt das}$$

lineare Gleichungssystem

$$\begin{array}{llllll}
b_0 \cdot n & + b_1 \cdot \sum_{i=1}^{n} x_i & + b_2 \cdot \sum_{i=1}^{n} x_i^2 & + \ldots + b_p \cdot \sum_{i=1}^{n} x_i^p & = \sum_{i=1}^{n} y_i \\
b_0 \cdot \sum_{i=1}^{n} x_i & + b_1 \cdot \sum_{i=1}^{n} x_i^2 & + b_2 \cdot \sum_{i=1}^{n} x_i^3 & + \ldots + b_p \cdot \sum_{i=1}^{n} x_i^{p+1} & = \sum_{i=1}^{n} x_i y_i \\
b_0 \cdot \sum_{i=1}^{n} x_i^2 & + b_1 \cdot \sum_{i=1}^{n} x_i^3 & + b_2 \cdot \sum_{i=1}^{n} x_i^4 & + \ldots + b_p \cdot \sum_{i=1}^{n} x_i^{p+2} & = \sum_{i=1}^{n} x_i^2 y_i \\
b_0 \cdot \sum_{i=1}^{n} x_i^3 & + b_1 \cdot \sum_{i=1}^{n} x_i^4 & + b_2 \cdot \sum_{i=1}^{n} x_i^5 & + \ldots + b_p \cdot \sum_{i=1}^{n} x_i^{p+3} & = \sum_{i=1}^{n} x_i^3 y_i \\
\cdots & \cdots & \cdots & \cdots & \cdots \\
b_0 \cdot \sum_{i=1}^{n} x_i^p & + b_1 \cdot \sum_{i=1}^{n} x_i^{p+1} & + b_2 \cdot \sum_{i=1}^{n} x_i^{p+2} & + \ldots + b_p \cdot \sum_{i=1}^{n} x_i^{2p} & = \sum_{i=1}^{n} x_i^p y_i
\end{array}$$

$$s_{Res}^2 = \frac{1}{n-p+1} \sum_{i=1}^{n} (y_i - \hat{y}_i)^2$$

empirische Restvarianz.

Regressionsparabel

$\hat{y} = b_0 + b_1 x + b_2 x^2$

Gleichungssystem

$$\begin{aligned}
b_0 \cdot n \quad &+ b_1 \cdot \sum_{i=1}^{n} x_i + b_2 \cdot \sum_{i=1}^{n} x_i^2 = \sum_{i=1}^{n} y_i \\
b_0 \cdot \sum_{i=1}^{n} x_i &+ b_1 \cdot \sum_{i=1}^{n} x_i^2 + b_2 \cdot \sum_{i=1}^{n} x_i^3 = \sum_{i=1}^{n} x_i y_i \\
b_0 \cdot \sum_{i=1}^{n} x_i^2 &+ b_1 \cdot \sum_{i=1}^{n} x_i^3 + b_2 \cdot \sum_{i=1}^{n} x_i^4 = \sum_{i=1}^{n} x_i^2 y_i
\end{aligned}$$

Lösung: Mit

$$\begin{aligned}
D = n \cdot (\sum x_i^2) \cdot (\sum x_i^4) + 2(\sum x_i) \cdot (\sum x_i^2) \cdot (\sum x_i^3) \\
- (\sum x_i)^2 \cdot (\sum x_i^4) - (\sum x_i^2)^3 - n \cdot (\sum x_i^3)^2
\end{aligned}$$

$$\begin{aligned}
D_1 = (\sum y_i) \cdot \Big((\sum x_i^2) \cdot (\sum x_i^3) - (\sum x_i) \cdot (\sum x_i^4) \Big) \\
+ (\sum x_i y_i) \cdot \Big(n \cdot (\sum x_i^4) - (\sum x_i^2)^2 \Big) \\
+ (\sum x_i^2 y_i) \cdot \Big((\sum x_i) \cdot (\sum x_i^2) - n \cdot (\sum x_i^3) \Big)
\end{aligned}$$

$$\begin{aligned}
D_2 = (\sum y_i) \cdot \Big((\sum x_i) \cdot (\sum x_i^3) - (\sum x_i^2)^2 \Big) \\
+ (\sum x_i y_i) \cdot \Big((\sum x_i) \cdot (\sum x_i^3) - n \cdot (\sum x_i^3) \Big) \\
+ (\sum x_i^2 y_i) \cdot \Big(n \cdot (\sum x_i^2) - (\sum x_i)^2 \Big)
\end{aligned}$$

erhält man

$$b_1 = \frac{D_1}{D} \; ; \; b_2 = \frac{D_2}{D} \; ; \; b_0 = \frac{1}{n} \cdot \Big(\sum y_i - (\sum x_i) \cdot b_1 - (\sum x_i^2) \cdot b_2 \Big)$$

Exponentielle Regressionsfunktion

$\hat{y} = \alpha e^{\beta x}$, $\alpha, \beta \in \mathbb{R}$, $\alpha > 0$ exponentielle Regressionsfunktion

$$Q^2(\alpha, \beta) = \sum_{i=1}^{n} (y_i - \alpha e^{\beta x_i})^2 \to \min$$

$$\frac{\partial Q^2(\alpha, \beta)}{\partial \alpha} = -2 \sum_{i=1}^{n} (y_i - \alpha e^{\beta x_i}) \cdot e^{\beta x_i} = 0$$

$$\frac{\partial Q^2(\alpha, \beta)}{\partial \beta} = -2 \alpha \sum_{i=1}^{n} (y_i - \alpha e^{\beta x_i}) \cdot x_i \cdot e^{\beta x_i} = 0.$$

Dieses nichtlineare Gleichungssystem ist nicht geschlossen lösbar. Es muss mit Hilfe numerischer Verfahren gelöst werden.

Logarithmieren von $\hat{y} = \alpha e^{\beta x}$ ergibt

$\ln \hat{y} = \ln \alpha + \beta x$;

$\hat{\hat{y}} = \ln \alpha + \beta x = a + b x \quad$ mit $\hat{\hat{y}} = \ln \hat{y}$; $a = \ln \alpha$; $b = \beta$.

Dies ist eine Regressionsgerade zwischen den x-Werten und den logarithmierten y-Werten. Zur Anpassung der Regressionsgeraden mit Hilfe der minimalen vertikalen Abstandsquadrate wird allerdings nicht die Ausgangsstichprobe (x, y) benutzt, sondern die transformierte Stichprobe

$(x, \ln y) = ((x_1, \ln y_1), (x_2, \ln y_2), \ldots (x_n, \ln y_n))$.

Aus dieser Lösung erhält man mit $\beta = b$ und $\alpha = e^a$ nicht die Lösung für die oben angegebene Anpassung der Orginaldaten an die Exponentialfunktion. Die lineare Regression wird nur zwischen den Werten x_i und den logarithmierten Werten $\ln y_i$ bestimmt.

Linearisierung durch Transformationen

Durch eine geeignete Transformation (Substitution) kann die Berechnung der Parameter einer Regressionsfunktion manchmal so vereinfacht werden, dass für die transformierten Beobachtungswerte eine Regressionsgerade (lineare Rgeression) bestimmt werden kann. Dazu die folgenden Beispiele.

Funktionstyp	linearisiertes Modell
$y = \alpha + \beta x^k$, k bekannt α, β unbekannte Parameter	$y = \alpha + \beta z$ mit $z = x^k$
$y = \dfrac{1}{\alpha + \beta x}$ α, β unbekannte Parameter	$w = \alpha + \beta x$ mit $w = \frac{1}{y}$
$y = a + b \cdot \ln x$	$y = a + b z$ mit $z = \ln x$
$y = \alpha x^\beta$ α, β unbekannte Parameter	$w = a + \beta \cdot z$ $w = \ln y$; $a = \ln \alpha$; $z = \ln x$
$y = \alpha e^{\frac{\beta}{x}}$ α, β unbekannte Parameter	$\ln y = \ln \alpha + \beta \cdot z$ mit $z = \frac{1}{x}$
$y = \dfrac{1}{\alpha \cdot \beta^x}$ α, β unbekannte Parametery	$w = \ln \alpha + x \cdot \ln \beta$ mit $w = \ln \frac{1}{y}$

1.3.6. Indexzahlen

Grundbegriffe

p_{i0}	Preis (je ME) des Gutes i in der Basisperiode 0
p_{it}	Preis (je ME) des Gutes i in der Berichtsperiode t
q_{i0}	Menge des Gutes i in der Basisperiode 0
q_{it}	Menge des Gutes i in der Berichtsperiode t
$W_{i0} = q_{i0} \cdot p_{i0}$	Wert des Gutes i in der Basisperiode 0
$W_{it} = q_{it} \cdot p_{it}$	Wert des Gutes i in der Berichtsperiode t
$\sum_{i=1}^{n} W_{i0} = \sum_{i=1}^{n} q_{i0} \cdot p_{i0}$	Wert des Warenkorbs in der Basisperiode 0
$\sum_{i=1}^{n} W_{it} = \sum_{i=1}^{n} q_{it} \cdot p_{it}$	Wert des Warenkorbs in der Berichtsperiode t
$\dfrac{\sum_{i=1}^{n} q_{i\tau} \cdot p_{i\tau}}{\sum_{i=1}^{n} q_{i\tau}}$	Preis pro Mengeneinheit in der Periode τ

$$I^{W}_{0\,;\,t} = \frac{\sum_{i=1}^{n} W_{it}}{\sum_{i=1}^{n} W_{i0}} = \frac{\sum_{i=1}^{n} q_{it} \cdot p_{it}}{\sum_{i=1}^{n} q_{i0} \cdot p_{i0}}$$

Wertindex zwischen Basis- und Berichtszeitperiode

Der Wertindex beschreibt die tatsächliche Wertänderung des Warenkorbs vom Basiszeitraum 0 bis zum Berichtszeitraum t.

$$I^{P}_{0\,;\,t} = \frac{\sum_{i=1}^{n} q_{i0} \cdot p_{it}}{\sum_{i=1}^{n} q_{i0} \cdot p_{i0}}$$

Preisindex bei unveränderten Mengen ($q_{it} = q_{i0}$)

Indizes

$$P_L = \frac{\sum_{i=1}^{n} q_{i0} \cdot p_{it}}{\sum_{i=1}^{n} q_{i0} \cdot p_{i0}}$$

Preisindex nach Laspeyres bezogen auf die Ausgangsmengen

$$P_P = \frac{\sum_{i=1}^{n} q_{it} \cdot p_{it}}{\sum_{i=1}^{n} q_{it} \cdot p_{i0}}$$

Preisindex nach Laspeyres bezogen auf die Endmengen

$$M_L = \frac{\sum_{i=1}^{n} q_{it} \cdot p_{i0}}{\sum_{i=1}^{n} q_{i0} \cdot p_{i0}}$$

bezogen auf die Ausgangspreise

$M_P = \frac{\sum_{i=1}^{n} q_{it} \cdot p_{it}}{\sum_{i=1}^{n} q_{i0} \cdot p_{it}}$	Mengenindex nach Paasche bezogen auf die Endpreise
$P_D = \frac{1}{2}(P_L + P_P)$	Preisindex nach Drobisch
$M_D = \frac{1}{2}(M_L + M_P)$	Mengenindex nach Drobisch
$P_F = \sqrt{P_L \cdot P_P}$	Preisindex nach Fisher
$M_F = \sqrt{M_L \cdot M_P}$	Mengenindex nach Fisher
$P_{ME} = \frac{\sum_{i=1}^{n} (q_{i0} + q_{it}) \cdot p_{it}}{\sum_{i=1}^{n} (q_{i0} + q_{it}) \cdot p_{i0}}$	Preisindex nach Marshall-Edgeworth
$M_{ME} = \frac{\sum_{i=1}^{n} q_{it} \cdot (p_{i0} + p_{it})}{\sum_{i=1}^{n} q_{i0} \cdot (p_{i0} + p_{it})}$	Mengenindex nach Marshall-Edgeworth
$P_{Lo} = \frac{\sum_{i=1}^{n} q_i \cdot p_{it}}{\sum_{i=1}^{n} q_i \cdot p_{i0}}$ mit $q_i = \frac{1}{t+1} \sum_{\tau=0}^{t} q_{i\tau}$	Preisindex nach Lowe
$M_{Lo} = \frac{\sum_{i=1}^{n} p_i \cdot q_{it}}{\sum_{i=1}^{n} p_i \cdot q_{i0}}$ mit $p_i = \frac{1}{t+1} \sum_{\tau=0}^{t} p_{i\tau}$	Mengenindex nach Lowe

1.3.7. Zeitreihen

Grundbegriffe

Beobachtungszeitpunkte: $t_1 < t_2 < t_3 < \ldots < t_n$

äquidistante Zeitpunkte $t_i = i$ für $i = 1, 2, \ldots, n$

Beobachtungswerte $y_i = f(t_i)$ für $i = 1, 2, \ldots, n$

Zeitreihe (Beobachtungsreihe) $y_1, y_2, y_3, \ldots, y_n$

Zeitreihendiagramm: (t_i, y_i) für $i = 1, 2, \ldots, n$

meistens werden die Punkte (t_i, y_i) durch einen Polygonzug verbunden

Klassisches additives Komponentenmodell

$y_t = m_t + k_t + s_t + r_t$	additives Modell
m_t Trendkomponente	k_t Konjunkturkomponente
s_t (zyklische) Saisonkomponente	r_t (zufällige) Restkomponente
$g_t = m_t + k_t$	glatte Komponente

Trendbestimmung (Schätzung der Trendkomponente m_t)

Methode der kleinsten Quadrate bei Trendfunktionen

Von Parametern abhängige Trendfunktionen, z. B.

$m_t = \alpha + \beta t;\ \alpha, \beta \in \mathbb{R}$ linearer Trend

$m_t = a_0 + a_1 t + a_2 t^2 + \ldots + a_p t^p$ Polynom als Trendfunktion

$m_t = a b^t$ exponentieller Trend

Die unbekannten Parameter der Trendfunktion werden nach der Methode der kleinsten Quadrate geschätzt. Dabei können auch mehrere Funktionen, z. B. Geraden oder Polynome aneinandergefügt werden.

Linearer Trend

Die Schätzwerte der Parameter der Regressionsgeraden $\hat{m}_t = a + bt$ erhält man nach S. 19 mit den Mittelwerten

$$\bar{t} = \frac{1}{n}\sum_{i=1}^{n} t_i\ ;\ \bar{y} = \frac{1}{n}\sum_{i=1}^{n} y_i \quad \text{als} \quad b = \frac{\sum_{i=1}^{n} t_i y_i - n\,\bar{t}\,\bar{y}}{\sum_{i=1}^{n} t_i^2 - n\,\bar{t}^2}\ ;\ a = \bar{y} - b\,\bar{t}.$$

Bei **äquidistanten** Zeitpunkten $t_i = i$ für $i = 1, 2, \ldots, n$ vereinfacht sich die Formel zu

$$b = \frac{12\sum_{i=1}^{n} i \cdot y_i - 6(n+1)\sum_{i=1}^{n} y_i}{n(n^2-1)}\ ;\quad a = \frac{4n+2}{n-1}\,\bar{y} - \frac{6\sum_{i=1}^{n} i \cdot y_i}{n(n-1)}$$

Gleitende Durchschnitte (Mittelwerte) bei äquidistanten Zeitpunkten

Voraussetzung: $t_i = i$ für $i = 1, 2, \ldots, n$

gleitende Durchschnitte der ungeraden Ordnung $2m+1$

$$\bar{y}_t^{(2m+1)} = \frac{1}{2m+1}\left(y_{t-m} + y_{t-m+1} + \ldots + y_t + \ldots + y_{t+m}\right)$$

$$= \frac{1}{2m+1}\sum_{j=-m}^{m} y_{t+j} \quad \text{für } m = 0, 1, 2, \ldots$$

Rekursionsformel

$$\bar{y}_{t+1}^{(2m+1)} = \bar{y}_t^{(2m+1)} + \frac{1}{2m+1}(y_{t+m+1} - y_{t-m})$$

Schätzwerte für m_t

$\hat{m}_t = \overline{y}_t^{(2m+1)}$ für $t = m+1, \ldots, n-m$ (verkürzte Zeitreihe);

gleitende Durchschnitte der geraden Ordnung 2m

$$\overline{y}_t^{(2m)} = \frac{1}{2m}\left(\frac{1}{2}\, y_{t-m} + y_{t-m+1} + \ldots + y_{t+m-1} + \frac{1}{2} y_{t+m}\right)$$

$$= \frac{1}{2m}\left(\frac{1}{2}\, y_{t-m} + \sum_{j=-(m-1)}^{(m-1)} y_{t+j} + \frac{1}{2}\, y_{t+m}\right) \text{für } m = 0, 1, 2, \ldots$$

Rekursionsformel

$$\overline{y}_{t+1}^{(2m)} = \overline{y}_t^{(2m)} + \frac{1}{4m}(y_{t+m+1} + y_{t+m} - y_{t-m} + y_{t-m+1})$$

Schätzwerte für m_t

$\hat{m}_t = \overline{y}_t^{(2m)}$ für $t = m+1, \ldots, n-m$ (verkürzte Zeitreihe)

Spezielle gleitende Durschschnitte

gleitender Dreierdurchschnitt (gleitende Quartalsdurchschnitte)

$$\overline{y}_t^{(3)} = \frac{y_{t-1} + y_t + y_{t+1}}{3}$$

gleitender Viererdurchschnitt

$$\overline{y}_t^{(4)} = \frac{\frac{1}{2} y_{t-2} + y_{t-1} + y_t + y_{t+1} + \frac{1}{2} y_{t+2}}{4}$$

gleitender 12-er Durchschnitt (gleitende 12-Monats-Durchschnitte)

$$\overline{y}_t^{(12)} = \frac{\frac{1}{2} y_{t-6} + y_{t-5} + \ldots + y_{t+5} + \frac{1}{2} y_{t+6}}{12}$$ (Jahr aus 12 Monaten)

Schätzung der glatten Komponente bei äquidistanten Zeitpunkten

$g_t = m_t + k_t$	glatte Komponente
$y_t = g_t + s_t + r_t$	s_t Saisonkomponente r_t Restkomponente
Modellannahmen:	
$s_{t+\sigma} = s_t$	Saisonkomponente sei (fast) zyklisch mit der Saisonlänge (Periode) σ; jährlicher Zyklus bei monatlicher Erhebung: $\sigma = 12$ (Monate)
$s_t + s_{t+1} + \ldots + s_{t+\sigma-1} = 0$	Normierung
$\overline{s}_t^{(\sigma)} \approx 0$	

Ferner sei innerhalb eines Periodenzeitraums der Länge σ die glatte Komponente relativ gut durch eine Gerade approximierbar.

Schätzwert für die glatte Komponente

$\hat{g}_t = \overline{y}_t^{(\sigma)}$ für $t = \sigma + 1, \sigma + 2, \dots, n - \sigma$; σ = Saisonlänge.

Saisonbereinigung unter obiger Modellannahme

Die obigen Modellannahmen seien erfüllt. Dann gilt

$$y_t - \overline{y}_t^{(\sigma)} \quad \text{für } t = \sigma + 1, \dots, n - \sigma.$$

Werte der um die glatte Komponente bereinigten Zeitreihe

$$y_t - \overline{y}_t^{(\sigma)} \approx s_t + r_t \quad \text{für } t = \sigma + 1, \dots, n - \sigma.$$

Doppelte Indizierung:

z_{ij} ist der j-te Wert in der i-ten Saison; $j = 1, 2, \dots, \sigma$; $i = 1, 2, \dots, n$.

Für $\sigma = 12$ sind $z_{i1}, z_{i2}, \dots, z_{i\,12}$ die Monatswerte im i-ten Jahr.

1. Schritt: Schätzung der glatten Komponenten

$$g_{ij} = m_{ij} + k_{ij} \approx \overline{y}_{ij}^{(\sigma)}, \; j = 1, 2, \dots, \sigma \quad (\sigma = \text{Saisonlänge})$$

2. Schritt: Aus den zur Verfügung stehenden Saisonen berechnet man die Mittelwerte der um die glatte Komponente bereinigten Werte

$$\tilde{m}_j = \frac{1}{h_j} \sum_i (y_{ij} - \overline{y}_{ij}^{(\sigma)}) \qquad \text{für } j = 1, 2, \dots, \sigma$$

h_j = Anzahl der verfügbaren Saisonen; summiert wird über alle zur Verfügung stehenden Werte.

$$\tilde{m}_j \approx m_j \quad \text{für } j = 1, 2, \dots, \sigma$$

3. Schritt: Man berechne

$$\hat{m}_j = \tilde{m}_j - \frac{1}{\sigma} \sum_{k=1}^{\sigma} \tilde{m}_k \quad \text{für } j = 1, 2, \dots, \sigma$$

4. Schritt: Saisonbereinigte Werte

$$y_{ij}^{(\text{bereinigt})} = y_{ij} - \hat{m}_j \quad \text{für } j = 1, 2, \dots, \sigma$$

2. Wahrscheinlichkeitsrechnung

2.1. Zufällige Ereignisse

2.1.1. Grundbegriffe

Zufallsexperiment	Experiment mit mehreren möglichen Ergebnissen; es muss unter denselben Bedingungen beliebig oft wiederholbar sein
$\omega, x, y, a_1, a_2, \ldots$	mögliche Versuchsergebnisse
Ω Ergebnismenge	Menge aller Ergebnisse (Grundmenge)
(zufälliges) Ereignis A	Zusammenfassung von Versuchsergebnissen (Teilmenge von Ω)
$\{\omega\}$, $\omega \in \Omega$	Elementarereignis, besteht nur aus einem einzigen Versuchsergebnis (unzerlegbar)
$a \in A$	mögliches Versuchsergebnis a gehört zu A
$a \notin A$	Versuchsergebnis a gehört nicht zu A
A **tritt ein**	$\Leftrightarrow$ Ergebnis des Zufallsexperiments $\omega \in A$
A **tritt nicht ein**	$\Leftrightarrow$ Ergebnis des Zufallsexperiments $\omega \notin A$
Ω	sicheres Ereignis, tritt immer ein
$\emptyset$	unmögliches Ereignis, tritt nie ein
$A \subseteq B$, A zieht B nach sich	$\Leftrightarrow$ mit A tritt auch B ein A ist Teilereignis von B
$A = B$ (Identität)	$\Leftrightarrow A \subseteq B \wedge B \subseteq A$
$A \cap B = AB$ ("**A und B**")	tritt ein, wenn A und B, also beide gleichzeitig eintreten (Durchschnitt)
$A \cup B$ ("**A oder B**")	tritt ein, wenn A oder B (oder beide) eintreten (Vereinigung); mindestens eines der beiden Ereignisse A und B tritt ein
$\overline{A}$ ("**nicht A**") $= \{\omega \in \Omega \mid \omega \notin A\}$	tritt ein, wenn A nicht eintritt (Komplement)
$A \setminus B = A \cap \overline{B} = A\overline{B}$ ("**A, aber nicht B**")	tritt ein, wenn A, aber nicht B eintritt
$A \cap B = \emptyset$	A und B heißen unvereinbar (disjunkt)

Bezeichnung für unvereinbare Ereignisse

$A + B$	steht für $A \cup B$, falls $A \cap B = \emptyset$ ist

Eigenschaften

$A \cup B = B \cup A$; $A \cap B = B \cap A$ (Kommutativgesetze)

$(A \cup B) \cup C = A \cup (B \cup C)$; $(A \cap B) \cap C = A \cap (B \cap C)$ (Assoziativgesetze)

$A \cap (B \cup C) = (A \cap B) \cup (A \cap C)$

$A \cup (B \cap C) = (A \cup B) \cap (A \cup C)$ (Distributivgesetze)

$A \cap (A \cup B) = A$; $A \cup (A \cap B) = A$ (Absorptionsgesetze)

$\overline{A \cup B} = \overline{A} \cap \overline{B}$; $\overline{A \cap B} = \overline{A} \cup \overline{B}$ (Regeln von De Morgan)

$A \cap \overline{A} = \emptyset$; $A + \overline{A} = \Omega$; $A \cup \Omega = \Omega$; $A \cup \emptyset = A$; $A \cap \emptyset = \emptyset$

$A \subseteq B \Leftrightarrow AB = A \wedge A \cup B = B$

$A = AB + A\overline{B} = (A \cap B) + (A \cap \overline{B})$

$A \cup B = \underbrace{AB}_{\text{beide}} + \underbrace{A\overline{B} + \overline{A}B}_{\text{genau eines}}$ (disjunkte Zerlegung)

$A \Delta B = A\overline{B} + \overline{A}B = (A \backslash B) + (B \backslash A)$	symmetrische Differenz; tritt ein, wenn von A und B genau eines eintritt (ausschließendes oder)
$\bigcap_{i=1}^{n} A_i = A_1 \cap A_2 \cap \ldots \cap A_n$	tritt ein, wenn alle A_i gleichzeitig eintreten (Durchschnitt von n Ereignissen)
$\bigcup_{i=1}^{n} A_i = A_1 \cup A_2 \cup \ldots \cup A_n$	tritt ein, wenn mindestens eines der Ereignisse $A_1, A_2, \ldots, A_n$ eintritt (Vereinigung von n Ereignissen)
$\bigcap_{i=1}^{\infty} A_i$	tritt ein, wenn alle A_i eintreten
$\bigcup_{i=1}^{\infty} A_i$	tritt ein, wenn mindestens ein A_i eintritt
$\sum_{i=1}^{\infty} A_i$	steht für $\bigcup_{i=1}^{\infty} A_i$, falls $A_j \cap A_k = 0$ für $j \neq k$, also für paarweise disjunkte Ereignisse
$\sum_{i=1}^{n} A_i = \Omega$; $A_i \neq \emptyset$ für alle i	$A_1, A_2, \ldots, A_n$ heißt vollständige (totale) Ereignisdisjunktion; Zerlegung von Ω mit $A_j \cap A_k = \emptyset$ für $j \neq k$ (paarweise disjunkt)
$\sum_{i=1}^{\infty} A_i = \Omega$; $A_i \neq \emptyset$ für alle i	$A_1, A_2, \ldots$ heißt vollständige Ereignisdisjunktion (paarweise disjunkt)

Darstellung von Ereignissen durch Venn-Diagramme

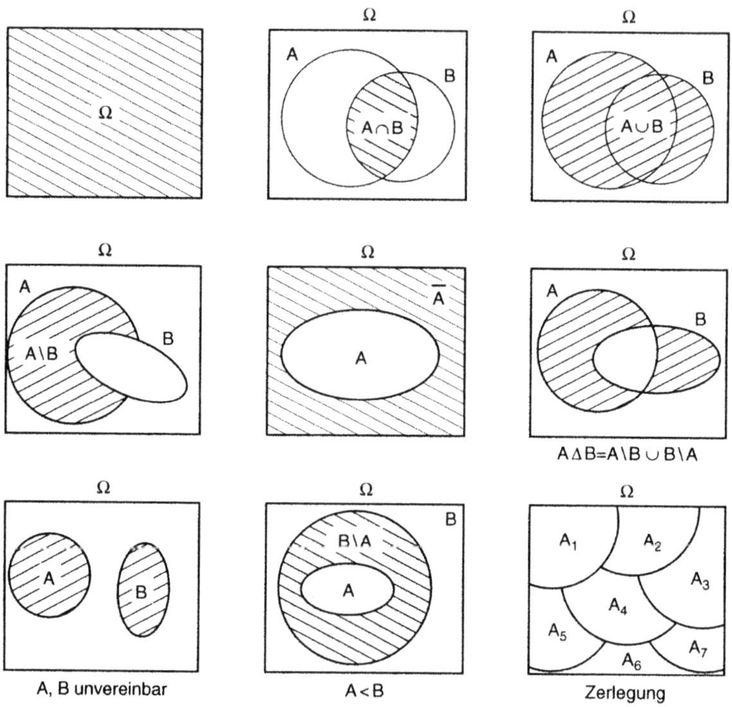

2.1.2. Ereignisfeld (Ereignissystem, σ-Algebra)

Ein Ereignisfeld $\mathfrak{E} = \mathfrak{E}(\Omega)$ ist eine Menge zufälliger Ereignisse bezüglich des gleichen Zufallsexperiments mit folgenden Eigenschaften

(1) $\Omega \in \mathfrak{E}$

(2) $A \in \mathfrak{E} \;\Rightarrow\; \overline{A} \in \mathfrak{E}$

(3) $A_1, A_2, \ldots \in \mathfrak{E} \;\Rightarrow\; \bigcup_{i=1}^{\infty} A_i \in \mathfrak{E}$

Folgerungen

$\Omega \in \mathfrak{E} \;\Rightarrow\; \overline{\Omega} = \emptyset \in \mathfrak{E}$

$A_i = \emptyset$ für $i > n$ ergibt: $A_1, A_2, \ldots, A_n \in \mathfrak{E} \;\Rightarrow\; \bigcup_{i=1}^{n} A_i \in \mathfrak{E}$

$A_i = \Omega$ für $i > n$ ergibt: $A_1, A_2, \ldots, A_n \in \mathfrak{E} \;\Rightarrow\; \bigcap_{i=1}^{n} A_i \in \mathfrak{E}$.

$A_1, A_2, \ldots \in \mathfrak{E} \;\Rightarrow\; \bigcap_{i=1}^{\infty} A_i \in \mathfrak{E}$

In der Wahrscheinlichkeitsrechnung werden nur solche Ereignisfelder betrachtet, die abgeschlossen sind gegenüber der Vereinigungs-, der Durchschnitts- und der Komplementbildung.

Potenzmenge

Bei endlicher Ergebnismenge $\Omega = \{\omega_1, \omega_2, \ldots, \omega_m\}$ nimmt man als Ereignisfeld meistens die Potenzmenge $\mathfrak{P}(\Omega)$. Diese besteht aus allen Teilmengen von Ω einschließlich der leeren Menge $\emptyset$.
Die Anzahl der Ereignisse aus Ω mit k Elementen ist

$\binom{m}{k}$ für $k = 0, 1, \ldots, m$. Damit besteht die Potenzmenge $\mathfrak{P}(\Omega)$ aus

$\binom{m}{0} + \binom{m}{1} + \ldots + \binom{m}{m} = (1+1)^m = 2^m$ Teilmengen (binomischer Satz).

2.2. Häufigkeiten von Ereignissen

Ein Zufallsexperiment werde n-mal durchgeführt.

$h_n(A)$	absolute Häufigkeit des Ereignisses A
$r_n(A) = \frac{h_n(A)}{n}$	relative Häufigkeit des Ereignisses A
$(100 \cdot r_n(A))\,\%$	prozentuale Häufigkeit des Ereignisses A

Eigenschaften der relativen Häufigkeit

$0 \le r_n(A) \le 1$ für jedes Ereignis A (Nichtnegativität)

$r_n(\Omega) = 1$ (Normierung)

$r_n(A + B) = r_n(A) + r_n(B)$, falls $A \cap B = \emptyset$ (disjunkt) (Additivität)

$r_n(A \cup B) = r_n(A) + r_n(B) - r_n(A \cap B)$ (A, B beliebig)

$r_n(\overline{A}) = 1 - r_n(A)$; $r_n(\emptyset) = 0$

$r_n\left(\sum_{i=1}^{n} A_i\right) = \sum_{i=1}^{n} r_n(A_i)$ für paarweise unvereinbare Ereignisse

$A \subseteq B \Rightarrow r_n(A) \le r_n(B)$ (Monotonie)

2.3. Wahrscheinlichkeiten

2.3.1. Definitionsversuch von Richard von Mises

Im Jahre 1931 hat Richard von Mises wegen des bereits bekannten Stabilisierungseffekts der relativen Häufigkeiten $r_n(A)$ versucht, die Wahrscheinlichkeit P(A) eines Ereignisses A zu definieren als Grenzwert

$$P(A) = \lim_{n \to \infty} r_n(A).$$

Dieser Ansatz war jedoch zum Scheitern verurteilt, weil dieser Grenzwert gar nicht existiert. Auch im Falle der Existenz wäre er nicht exakt berechenbar, weil jede Versuchsserie ja einmal abgebrochen werden muss.

2.3.2. Klassische Wahrscheinlichkeit nach Laplace

Definition der klassischen Wahrscheinlichkeit

Bei der Beurteilung der Chancen bei Glücksspielen hat der französische Mathematiker Laplace (1740 – 1827) einen Wahrscheinlichkeitsbegriff definiert unter der folgenden Modellannahme:

(L1) Die Ergebnismenge $\Omega = \{\omega_1, \omega_2, \ldots, \omega_m\}$ ist endlich.

(L2) Bei jeder Versuchsdurchführung darf keines der m Versuchsergebnisse bevorzugt auftreten, d. h. alle m Elementarereignisse $\{\omega_i\}$ sind gleichwahrscheinlich.

Ein Ereignis A, das r der m möglichen Versuchsergebnisse enthält, besitzt die klassische Wahrscheinlichkeit

$$P(A) = \frac{r}{m} = \frac{|A|}{|\Omega|} = \frac{\text{Anzahl der für A günstigen Fälle}}{\text{Anzahl aller möglichen Fälle}} .$$

Mit $r = 1$ erhält man die Wahrscheinlichkeit der Elementarereignisse

$$P(\{\omega_i\}) = p = \frac{1}{m} \quad \text{für} \quad i = 1, 2, \ldots, m .$$

Eigenschaften der klassischen Wahrscheinlichkeit

$0 \leq P(A) \leq 1$ für jedes Ereignis A (Nichtnegativität)

$P(\Omega) = 1$ (Normierung)

$P(A + B) = P(A) + P(B)$, falls $A \cap B = \emptyset$ (disjunkt) (Additivität)

$P(A \cup B) = P(A) + P(B) - P(A \cap B)$ (A, B beliebig)

$P(\overline{A}) = 1 - P(A)$; $P(\emptyset) = 0$

$P\left(\sum_{i=1}^{n} A_i\right) = \sum_{i=1}^{n} P(A_i)$ für paarweise unvereinbare Ereignisse

$A \subseteq B \Rightarrow P(A) \leq P(B)$ (Monotonie)

Die klassische Wahrscheinlichkeit P erfüllt die Eigenschaften der relativen Häufigkeit. Klassische Wahrscheinlichkeiten können mit Hilfe kombinatorischer Methoden (S. 33) durch Abzählen berechnet werden. Voraussetzung für die Anwendung und Interpretation der dadurch berechneten Wahrscheinlichkeiten ist jedoch die Endlichkeit der Ergebnismenge und die Chancengleichheit aller endlich vielen Versuchsergebnisse. Die Endlichkeit von Ω liegt bei vielen Zufallsexperimenten vor. Von der Chancengleichheit kann man oft nur auf Grund der Versuchsdurchführung ausgehen. Letzendliche Sicherheit liefert schließlich nur ein statistischer Test (s. 4.5.1.1. S. 116).

2.3.3. Kombinatorische Methoden zur Berechnung von klassischen Wahrscheinlichkeiten

Produktregel der Kombinatorik (allgemeines Zählprinzip)

Ein r-stufiges Zufallsexperiment besitze die Ergebnismenge

$\Omega = \Omega_1 \times \Omega_2 \times \ldots \times \Omega_r = \{(\omega_1, \omega_2, \ldots, \omega_r) \mid \omega_i \in \Omega_i \text{ für } i = 1, 2, \ldots, r\}$.

Die Ergebnismenge Ω_i der i-ten Stufe besitze n_i verschiedene Versuchsergebnisse, also $|\Omega_i| = n_i$ für $i = 1, 2, \ldots, r$. Dann besitzt das r-stufige Gesamtexperiment Ω insgesamt

$n = n_1 \cdot n_2 \cdot \ldots \cdot n_r$ verschiedene Ergebnisse (r-Tupel), also

$|\Omega| = |\Omega_1| \cdot |\Omega_2| \cdot \ldots \cdot |\Omega_r|$.

Anordnungsmöglichkeiten

Für n verschiedene Dinge gibt es

$n! = 1 \cdot 2 \cdot \ldots \cdot n$ (n-Fakultät)

verschiedene Anordnungsmöglichkeiten (Permutationen).

Von n Dingen seien jeweils $n_1, n_2, \ldots, n_r$ gleich mit $n = n_1 + \ldots + n_r$.

Dann gibt es für diese n Dinge insgesamt

$$\frac{n!}{n_1! \cdot n_2! \cdot \ldots \cdot n_r!}$$

verschiedene Anordnungsmöglichkeiten.

Auswahlmöglichkeiten

Aus n verschiedenen Dingen sollen k Dinge ausgewählt werden. Dann erhält man für die Anzahl der verschiedenen Auswahlmöglichkeiten in Abhängigkeit vom Auswahlverfahren die vier in der nachfolgenden Tabelle zusammengestellten Werte

	mit Berücksichtigung der Reihenfolge (geordnet)	**ohne Berücksichtigung** der Reihenfolge (ungeordnet)
ohne Wiederholung (ohne Zurücklegen) $k = 1, 2, \ldots, n$	$n \cdot (n-1) \cdot \ldots \cdot (n-k+1)$	$\binom{n}{k}$
mit Wiederholung (mit Zurücklegen) $k = 1, 2, 3, \ldots$	n^k	$\binom{n+k-1}{k}$

Für die hier auftretenden Binomialkoeffizienten gilt

$$\binom{n}{k} = \frac{n \cdot (n-1) \cdot \ldots \cdot (n-k+1)}{1 \cdot 2 \cdot \ldots \cdot k} = \frac{n!}{k! \cdot (n-k)!} \quad \text{für } 0 \leq k \leq n$$

$$\binom{n}{0} = \binom{n}{n} = 1$$

$$\binom{n}{n-k} = \binom{n}{k} \qquad \text{für } k = 0, 1, 2, \ldots, n$$

$$\binom{n}{k+1} = \frac{n-k}{k+1} \cdot \binom{n}{k} \quad \text{für } k = 0, 1, \ldots, n-1 \qquad \text{(Rekursionsformel)}$$

$$\binom{n}{k} = 0 \quad \text{für } k > n.$$

Urnenmodelle

Eine Urne enthalte N Kugeln, von denen M schwarz und die restlichen $N-M$ weiß sind. Dabei gelte $1 \leq M < N$. Aus dieser Urne werden n Kugeln zufällig ausgewählt. p_k sei die Wahrscheinlichkeit dafür, dass sich unter den n zufällig ausgewählten Kugeln genau k schwarze befinden. Diese Wahrscheinlichkeit lautet

beim **Ziehen ohne Zurücklegen**

$$p_k = \frac{\binom{M}{k} \cdot \binom{N-M}{n-k}}{\binom{N}{n}} \qquad \text{für } k = 0, 1, \ldots, n; \ n \leq N;$$

Binomialkoeffizienten $\binom{n}{k}$ s. o.;

beim **Ziehen mit Zurücklegen**

$$p_k = \binom{n}{k} \cdot \left(\frac{M}{N}\right)^k \cdot \left(1 - \frac{M}{N}\right)^{n-k} \quad \text{für } k = 0, 1, 2, \ldots, n; \ n \text{ beliebig.}$$

Urnenmodelle sind Hilfsmodelle. Von N Elementen sollen genau M eine bestimmte Eigenschaft besitzen. Daraus werden n zufällig ausgewählt. Zufällige Auswahl bedeutet, dass bei jedem Zug jedes der noch vorhandenen Elemente die gleiche Chance hat, gezogen zu werden. Jedem der M Elemente mit der vorgegebenen Eigenschaft wird eine schwarze Kugel zugeordnet, den restlichen $N-M$ Elementen jeweils eine weiße Kugel. Dann ist p_k die Wahrscheinlichkeit, dass von den n ausgewählten Elementen genau k die vorgegebene Eigenschaft besitzen.

2.3.4. Axiomatische Wahrscheinlichkeit nach Kolmogorow

Der russische Mathematiker A. N. Kolmogorow (1909 – 1987) führte eine Wahrscheinlichkeit mit Hilfe von Axiomen ein, welche die relativen Häufigkeiten erfüllen.

Eine auf einem Ereignisfeld (Ereignissystem) $\mathfrak{E}$ definierte Funktion P ist eine Wahrscheinlichkeit, wenn sie folgende **Axiome** erfüllt:

(K1) $0 \leq P(A) \leq 1$ für jedes Ereignis A (Nichtnegativität)

(K2) $P(\Omega) = 1$ (Normierung)

(K3) $P(A+B) = P(A) + P(B) \quad (A \cap B = \emptyset)$ (Additivität)

(K3') $P(\sum_{i=1}^{\infty} A_i) = \sum_{i=1}^{\infty} P(A_i)$ für paarweise unvereinbare Ereignisse mit $A_j \cap A_k = \emptyset$ für $j \neq k$ (σ-Additivität)

Bei endlichen Ergebnismengen genügt das Axiom (K3). (K3') wird nur dann benötigt, wenn $\mathfrak{E}$ unendlich viele verschiedene Ereignisse enthält. Die klassische Wahrscheinlichkeit erfüllt alle Axiome von Kolmogorow. Damit ist die axiomatische Wahrscheinlichkeit eine Erweiterung der klassischen Wahrscheinlichkeit.

Rechenregeln für Wahrscheinlichkeiten (Folgerungen aus den Axiomen)

Aus den drei Axiomen (K1), (K2) und (K3) erhält man die Eigenschaften:

$P(\emptyset) = 0$

$P(\overline{A}) = 1 - P(A)$

$P(A \cup B) = P(A) + P(B) - P(A \cap B)$ für beliebige Ereignisse

$$P(A \cup B \cup C) = P(A) + P(B) + P(C) - P(A \cap B) - P(A \cap C) - P(B \cap C) + P(A \cap B \cap C)$$

$P(\sum_{i=1}^{n} A_i) = \sum_{i=1}^{n} P(A_i)$ für paarweise unvereinbare Ereignisse

$P(B) = \sum_{i=1}^{n} P(B \cap A_i)$ für jede vollständige Ereignisdisjunktion $A_1, A_2, \ldots, A_n$; paarweise disjunkt mit $\sum_{i=1}^{n} A_i = \Omega$

aus $A \subseteq B$ folgt $P(A) \leq P(B)$

$P(A \backslash B) = P(A) - P(A \cap B)$ für beliebige Ereignisse

$P(A \backslash B) = P(A) - P(B)$, falls $B \subseteq A$.

Wie in der Geometrie die Begriffe Punkt und Gerade, so ist nach Kolmogorow eine Wahrscheinlichkeit durch Axiome (typische Eigenschaften) definiert. Diese Eigenschaften wurden von den relativen Häufigkeiten übernommen. Aus diesen Axiomen können Wahrscheinlichkeiten für bestimmte Ereignisse nicht direkt berechnet werden. Mit den Axiomen wird eine Theorie entwickelt, die es gestattet, unbekannte Wahrscheinlichkeiten beliebig genau zu schätzen. Dies geschieht in der beurteilenden Statistik.

Wahrscheinlichkeiten bei endlichen Ergebnismengen

Bei einer endlichen Ergebnismenge $\Omega = \{\omega_1, \omega_2, \ldots, \omega_m\}$ genügt die Angabe der Wahrscheinlichkeiten für die m Elementarereignisse durch

$$p_i = P(\{\omega_i\}) \geq 0 \quad \text{für } i = 1, 2, \ldots, m \quad \text{mit} \quad \sum_{i=1}^{m} p_i = 1 .$$

Die Wahrscheinlichkeit für ein beliebiges Ereignis A lautet dann

$$P(A) = \sum_{i:\omega_i \in A} p_i .$$

$p_1 = p_2 = \ldots = p_m = \frac{1}{m}$ ergibt die Laplace-Wahrscheinlichkeit.

Wahrscheinlichkeiten bei abzählbar unendlichen Ergebnismengen

Bei abzählbar unendlicher Ergebnismenge $\Omega = \{\omega_1, \omega_2, \ldots\}$ müssen die Wahrscheinlichkeiten

$$p_i = P(\{\omega_i\}) \geq 0 \quad \text{für } i = 1, 2, \ldots \quad \text{mit} \quad \sum_{i=1}^{\infty} p_i = 1$$

vorgegeben werden. Die Wahrscheinlichkeit für ein beliebiges Ereignis A erhält man als

$$P(A) = \sum_{i:\omega_i \in A} p_i .$$

In diesem Fall gibt es keine Laplace-Wahrscheinlichkeit, weil der Ansatz $p_i = p$ für $p > 0$ zu $P(\Omega) = \infty$ und für $p = 0$ zu $P(\Omega) = 0$ führen würde.

2.3.5. Geometrische Wahrscheinlichkeiten und Simulationen

Geometrische Wahrscheinlichkeiten erhält man mit Hilfe von Längen- oder Flächenberechnungen. Die Versuchsergebnisse können im Allgemeinen mit Hilfe von Zufallszahlen von einem Computer erzeugt werden. In der Ebene können dann mit Hilfe von Zufallszahlen Flächeninhalte näherungsweise bestimmt werden. Auch die geometrischen Wahrscheinlichkeiten erfüllen die Axiome von Kolmogorow.

Geometrische Wahrscheinlichkeiten auf Intervallen

Die Ergebnisse eines Zufallsexperiments seien die Ausprägungen eines stetigen Merkmals, wobei die Ergebnismenge Ω ein Intervall $[a;b]$ ist. Dabei gelte folgende Modellvoraussetzung:
Die Wahrscheinlichkeit, dass das Versuchsergebnis ω in einem bestimmten Teilintervall von $[a;b]$ liegt, soll nur von der Länge dieses Intervalls und nicht von dessen spezieller Lage abhängen. Dann sagt man auch, die Ergebnisse sind im Intervall $[a;b]$ **gleichmäßig verteilt.**
$A = [c;d] \subset \Omega$ sei ein Teilintervall von Ω mit der Länge $d-c$. Dann besitzt A die geometrische Wahrscheinlichkeit

$$P(A) = \frac{\text{Länge von A}}{\text{Länge von } \Omega} = \frac{d-c}{b-a} = \frac{|A|}{|\Omega|} \quad \text{für } a \leq c \leq d \leq b.$$

Jeder einzelne Punkt $x \in [a;b]$ besitzt die geometrische Wahrscheinlichkeit 0, es gilt also

$$P(\{x\}) = 0 \text{ für jedes } x \in [a;b],$$

obwohl alle Punkte zusammen die Wahrscheinlichkeit 1 besitzen. Der Grund dafür ist die Unendlichkeit von $[a;b]$.

Zufallszahlen
Vom Computer können Standardzufallszahlen r aus dem Intervall $[0;1]$ erzeugt werden. Da diese mit Hilfe eines Algorithmus berechnet werden, sollte man sie besser Pseudozufallzahlen nennen. Sie sind jedoch näherungsweise gleichmäßig verteilt.
Mit der Transformation $z = a + (b-a) \cdot r$ erhält man für $a < b$ Zufallszahlen aus dem Intervall $[a;b]$.

Geometrische Wahrscheinlichkeiten in der Ebene

Die Ergebnismenge sei ein bestimmter Bereich $\Omega \subset \mathbb{R}^2$ der Zahlenebene mit endlichem Flächeninhalt $F(\Omega)$. Eine gleichmäßige Verteilung der Ergebnispaare in Ω bedeutet, dass die Wahrscheinlichkeit, mit der das Ergebnispaar in einer Teilmenge $A \subset \Omega$ liegt, nur vom Flächeninhalt von A und nicht von der speziellen Lage von A abhängt. $A \subset \Omega$ sei ein Teilgebiet mit dem Flächeninhalt F(A). Dann besitzt A die geometrische Wahrscheinlichkeit

$$P(A) = \frac{F(A)}{F(\Omega)} = \frac{\text{Flächeninhalt von A}}{\text{Flächeninhalt von } \Omega}.$$

Flächenberechnungen mit Hilfe von Simulationen
Das Experiment werde n-mal unabhängig durchgeführt, z.B. mit Hilfe von Zufallszahlen. A besitze die relative Häufigkeit $r_n(A)$ (relative Häufigkeit der Zahlenpaare in A). Dann erhält man für den Flächeninhalt von A die Näherung $F(A) \approx r_n(A) \cdot F(\Omega)$.

2.4. Bedingte Wahrscheinlichkeiten

Die absolute Wahrscheinlichkeit P(A) aus Abschnitt 2.3 darf nur dann als Maß für die Chance des Eintretens des Ereignisses A benutzt werden, wenn das Zufallsexperiment noch nicht begonnen hat oder über das laufende bzw. beendete Zufallsexperiment keinerlei Information vorliegt. Sind jedoch bereits Teilinformationen über den Ausgang des Zufallsexperiments bekannt, so weiß man, dass gewisse Ereignisse nicht eintreten konnten. Durch eine solche Information ändert sich die mögliche Ergebnismenge und eventuell auch manche Wahrscheinlichkeit. Vom Informationsstand abhängige Wahrscheinlichkeiten nennt man **bedingte Wahrscheinlichkeiten.** Manchmal interessiert man sich auch nur für die Wahrscheinlichkeit eines Ereignisses A unter der Bedingung, dass ein bestimmtes Ereignis B eintritt bzw. eingetreten ist. Auch hier handelt es sich um eine bedingte Wahrscheinlichkeit.

2.4.1. Definition der bedingten Wahrscheinlichkeit

$P(A \mid B) = \dfrac{P(A \cap B)}{P(B)}$ für $P(B) > 0$ heißt die **bedingte Wahrscheinlichkeit** des Ereignisses A unter der Bedingung B; Wahrscheinlichkeit, dass A eintritt unter der Bedingung, dass B eintritt (eingetreten ist)

Eigenschaften der bedingten Wahrscheinlichkeit

$0 \le P(A \mid B) \le 1$ für alle $A \in \mathfrak{E}$

$P(B \mid B) = 1$; $P(A \mid B) = 1$ für alle $A \in \mathfrak{E}$ mit $B \subseteq A$ (Normierung)

$P(A \mid B) = 0$ für $A \cap B = \emptyset$

$P(\overline{A} \mid B) = 1 - P(A \mid B)$

$P(A + C \mid B) = P(A \mid B) + P(C \mid B)$ für $A \cap C = \emptyset$

$P(\sum_{i=1}^{\infty} A_i \mid B) = \sum_{i=1}^{\infty} P(A_i \mid B)$ für paarweise unvereinbare Ereignisse A_i.

Bei festgehaltenem B und variablem A erfüllt die Ereignisfunktion

$P_B(A) = P(A \mid B)$, $A \in \mathfrak{E}$

alle Axiome von Kolmogorow. Es ist also eine Wahrscheinlichkeit. Wegen $P_B(B) = P(B \mid B) = 1$ ist P_B eine auf B eingeschränkte Wahrscheinlichkeit. Unter der "Bedingung B" ist B das "sichere" (bedingte) Ereignis.

2.4.2. Multiplikationssatz für bedingte Wahrscheinlichkeiten

Multiplikationssatz (Produktregel) für zwei Ereignisse

$$P(A \cap B) = P(B) \cdot P(A \mid B) = P(A) \cdot P(B \mid A) \quad \text{für} \quad P(A), P(B) > 0$$

(folgt unmittelbar aus der Definition von $P(A \mid B)$)

Multiplikationssatz (Produktregel) für drei Ereignisse

$$P(A_1 \cap A_2 \cap A_3) = P(A_1) \cdot P(A_2 \mid A_1) \cdot P(A_3 \mid A_1 \cap A_2)$$

Multiplikationssatz (Produktregel) für n Ereignisse

$$P(A_1 \cap A_2 \cap \ldots \cap A_n) = P(A_1) \cdot P(A_2 \mid A_1) \cdot P(A_3 \mid A_1 \cap A_2) \cdot P(A_4 \mid A_1 \cap A_2 \cap A_3) \cdot \ldots \cdot P(A_n \mid A_1 \cap \ldots \cap A_{n-1})$$

2.4.3. Satz von der totalen (vollständigen) Wahrscheinlichkeit und Bayesche Formel

Satz von der totalen (vollständigen) Wahrscheinlichkeit

Für jedes Ereignis B und jede vollständige (totale) Ereignisdisjunktion $A_1, A_2, \ldots, A_n$ mit $P(A_i) > 0$ für alle i und $\sum_{i=1}^{n} A_i = \Omega$ (paarweise unvereinbar) gilt

$$P(B) = \sum_{i=1}^{n} P(B \mid A_i) \cdot P(A_i) .$$

Die absolute Wahrscheinlichkeit $P(B)$ ist das gewichtete arithmetische Mittel der n bedingten Wahrscheinlichkeiten $P(B \mid A_i)$ mit den Gewichten $w_i = P(A_i)$ für $i = 1, 2, \ldots, n$.

Bayessche Formel

Für jede vollständige Ereignisdisjunktion $A_1, A_2, \ldots, A_n$ mit $P(A_i) > 0$ für alle i und jedes beliebige Ereignis B mit $P(B) > 0$ gilt

$$P(A_k \mid B) = \frac{P(B \mid A_k) \cdot P(A_k)}{P(B)} = \frac{P(B \mid A_k) \cdot P(A_k)}{\sum_{i=1}^{n} P(B \mid A_i) \cdot P(A_i)} \quad \text{für} \quad k = 1, 2, \ldots, n.$$

2.5. Unabhängige Ereignisse

2.5.1. Unabhängigkeit von zwei Ereignissen

Zwei Ereignisse A und B mit $0 < P(A)\,,\, P(B) < 1$ sind genau dann unabhängig, wenn gilt

$P(A \cap B) = P(A) \cdot P(B)$ (Produktdarstellung)

Gleichwertig damit sind folgende Eigenschaften

$P(A\,|\,B) = P(A\,|\,\overline{B}) = P(A)$

$P(B\,|\,A) = P(B\,|\,\overline{A}) = P(B)$.

Mit (A, B) sind auch $(A, \overline{B})$, $(\overline{A}, B)$ und $(\overline{A}, \overline{B})$ unabhängig.

Wegen $P(A\,|\,B) = P(A)$ und $P(B\,|\,A) = P(B)$ hat bei unabhängigen Ereignissen die Information, dass eines von beiden Ereignissen eingetreten ist, keinen Einfluss auf die (bedingte) Wahrscheinlichkeit für das Eintreten des anderen Ereignisses. Die absolute Wahrscheinlichkeit ist dann gleich der bedingten Wahrscheinlichkeit.

2.5.2. Unabhängigkeit von n Ereignissen

Paarweise Unabhängigkeit

Die n Ereignisse $A_1, A_2, \ldots, A_n$ sind paarweise unabhängig, falls gilt

$P(A_j \cap A_k) = P(A_j) \cdot P(A_k)$ für alle $j \neq k$.

Vollständige Unabhängigkeit

Die Ereignisse $A_1, A_2, \ldots, A_n$ sind vollständig unabhängig, wenn für jede Auswahl von r Ereignissen $A_{i_1}, A_{i_2}, \ldots, A_{i_r}$ mit $r \leq n$ und

$1 \leq i_1 < i_2 < i_3 < \ldots < i_r$ (verschiedene Indizes) gilt

$P(A_{i_1} \cap A_{i_2} \cap \ldots \cap A_{i_r}) = P(A_{i_1}) \cdot P(A_{i_2}) \cdot \ldots \cdot P(A_{i_r})$.

Vollständig unabhängige Ereignisse sind auch paarweise unabhängig. Die Umkehrung muss nicht gelten.

2.5.3. Unabhängigkeit von n Zufallsexperimenten

n Einzelexperimente mit den Ergebnismengen Ω_i und den Wahrscheinlichkeiten P_i für $i = 1, 2, \ldots, n$ sind genau dann unabhängig, falls im Gesamtexperiment für alle Ereignisse $(A_1, A_2, \ldots, A_n)$ mit $A_i \subset \Omega_i$ für $i = 1, 2, \ldots, n$ gilt

$P((A_1, A_2, \ldots, A_n)) = P_1(A_1) \cdot P_2(A_2) \cdot \ldots \cdot P_n(A_n)$.

2.5.4. Unabhängige Wiederholungen eines Zufallsexperimentes

Das gleiche Zufallsexperiment mit der Ergebnismenge Ω und der Wahrscheinlichkeit P werde unter denselben Bedingungen n-mal unabhängig durchgeführt. $(A_1, A_2, \dots, A_n)$ sei das Ereignis, dass bei der i-ten Versuchsdurchführung das Ereignis $A_i \subset \Omega$ eintritt für $i = 1, 2, \dots, n$.
Wegen der Unabhängigkeit gilt die Produktdarstellung

$$P\big((A_1, A_2, \dots, A_n)\big) = P(A_1) \cdot P(A_2) \cdot \dots \cdot P(A_n).$$

2.5.5. Spezielle Verteilungen

2.5.5.1. Binomialverteilung (Verteilung der absoluten Häufigkeit)

Ein Zufallsexperiment werde n-mal unabhängig durchgeführt, wobei das Ereignis A bei jeder einzelnen Versuchsdurchführung die gleiche Wahrscheinlichkeit $p = P(A)$ besitzt mit $0 < p < 1$. Dann gilt

$$p_k = P(A \text{ tritt in der Serie genau k-mal ein}) = \binom{n}{k} \cdot p^k \cdot (1-p)^{n-k}$$

für $k = 0, 1, 2, \dots, n$.

Rekursionsformel:

$$p_{k+1} = \frac{n-k}{k+1} \cdot \frac{p}{1-p} \cdot p_k \quad \text{für } k = 0, 1, 2, \dots, n-1 \quad \text{mit } p_0 = (1-p)^n.$$

(vgl. S. 46).

2.5.5.2. Geometrische Verteilung (Warten auf den ersten Erfolg)

Ein Zufallsexperiment werde so lange unabhängig durchgeführt, bis das Ereignis A erstmals eintritt. Als Ergebnis des Gesamtexperiments wird die Anzahl der notwendigen Versuche gezählt. Hier erhält man die Ergebnismenge $\Omega = \{1, 2, 3, \dots\}$. k Versuche werden benötigt, wenn bei den ersten $k-1$ Versuchen jeweils das Komplement $\bar{A}$ und beim k-ten Versuch (erstmals) das Ereignis A eintritt, also bei der Serie

$$(\underbrace{\bar{A}, \bar{A}, \dots, \bar{A}, \bar{A}}_{(k-1)\text{-mal}}, A)$$

Mit $p = P(A) > 0$ gilt

$$p_k = P(\text{genau k Versuche werden benötigt}) = p \cdot (1-p)^{k-1}$$

für $k = 1, 2, \dots$

Rekursionsformel: $p_{k+1} = (1-p) \cdot p_k$ für $k = 1, 2, \dots$ mit $p_1 = p$.

P(mindestens n Versuche sind notwendig) $= (1-p)^{n-1}$ für $n = 1, 2, \dots$

(vgl. S. 49).

3. Zufallsvariablen

3.1. Definition einer Zufallsvariablen

Bei einem Zufallsexperiment werde jedem Versuchsergebnis $\omega \in \Omega$ eine reelle Zahl $X(\omega) \in \mathbb{R}$ zugeordnet. X stellt also eine Abbildung der Ergebnismenge Ω in die Menge der reellen Zahlen dar. X heißt Zufallsvariable, falls folgende Bedingungen (Messbarkeitsforderungen) erfüllt sind:

1. Für jede reelle Zahl $x \in \mathbb{R}$ gehört die Urbildmenge

   $$A_x = \{\omega \in \Omega \mid X(\omega) = x\} \text{ zum Ereignissystem } \mathfrak{E} \text{ von } \Omega \text{ mit}$$

   $$P(A_x) = P(\{\omega \in \Omega \mid X(\omega) = x\}) = P(X = x).$$

2. Für jedes Intervall $[a;b]$ mit $a < b$ gehört das Ereignis

   $$A_{[a;b]} = \{\omega \in \Omega \mid a \leq X(\omega) \leq b\} \text{ zu } \mathfrak{E} \text{ mit}$$

   $$P(A_{[a;b]}) = P(\{\omega \in \Omega \mid a \leq X(\omega) \leq b\}) = P(a \leq X \leq b).$$

3.2. Eindimensionale diskrete Zufallsvariable

Eine Zufallsvariable X ist diskret, wenn ihr Wertevorrat W endlich oder abzählbar unendlich ist. W ist also höchstens abzählbar unendlich:

$$W = W(X) = \{x_1, x_2, x_3, \ldots\}.$$

Alle Punkte außerhalb des Wertevorrats besitzen die Wahrscheinlichkeit 0. Es gilt also

$$P(X = x) = 0 \quad \text{für } x \notin W.$$

3.2.1. Verteilung und Verteilungsfunktion

Verteilung einer diskreten Zufallsvariablen

Mit $p_i = P(X = x_i) > 0$ für $x_i \in W$ mit $\sum_i p_i = 1$ heißt

$$\left\{(x_i, p_i) \mid x_i \in W\right\}$$

die Verteilung oder Wahrscheinlichkeitsverteilung der diskreten Zufallsvariablen X. Sie kann graphisch als Stabdiagramm dargestellt werden.

$$P(a \leq X \leq b) = \sum_{i: a \leq x_i \leq b} P(X = x_i); \quad P(a < X \leq b) = \sum_{i: a < x_i \leq b} P(X = x_i)$$

$$P(a \leq X < b) = \sum_{i: a \leq x_i < b} P(X = x_i); \quad P(a < X < b) = \sum_{i: a < x_i < b} P(X = x_i)$$

Verteilungsfunktion einer diskreten Zufallsvariablen

Die für jedes $x \in \mathbb{R}$ durch

$$F(x) = P(X \leq x) = P(\{\omega |\ X(\omega) \leq x\}) = \sum_{i:x_i \leq x} P(X = x_i)$$

definierte reelle Funktion F heißt die Verteilungsfunktion von X.

Eigenschaften:

$$\lim_{x \to -\infty} F(x) = 0; \qquad \lim_{x \to +\infty} F(x) = 1.$$

Falls es in W einen kleinsten Wert x_{min} bzw. einen größten Wert x_{max} gibt, gilt

$$F(x) = 0 \quad \text{für } x < x_{min}; \qquad F(x) = 1 \quad \text{für } x \geq x_{max}.$$

F ist eine monoton wachsende Treppenfunktion, die von 0 auf 1 ansteigt. Sprungstellen sind die Werte von W, die Sprunghöhen die zugehörigen Wahrscheinlichkeiten.
F ist an jeder Stelle $x \notin W$ stetig.
F ist an jeder Sprungstelle $x_k \in W$ rechtsseitig stetig, d.h.

$$\lim_{h \to 0, h>0} F(x_k + h) = \lim_{h \to 0+} F(x_k + h) = F(x_k + 0) = F(x_k);$$

linksseitiger Grenzwert: $\lim_{h \to 0, h>0} F(x_k - h) = F(x_k -) = F(x_k) - p_k;$

$$P(a < X \leq b) = F(b) - F(a); \quad P(a < X < b) = F(b-0) - F(a); \ a < b;$$

$$P(a \leq X \leq b) = F(b) - F(a-0) \quad (a < b); \qquad P(X < x) = F(x-0);$$

$$P(X = x) = F(x) - F(x-0); \qquad P(X > x) = 1 - F(x).$$

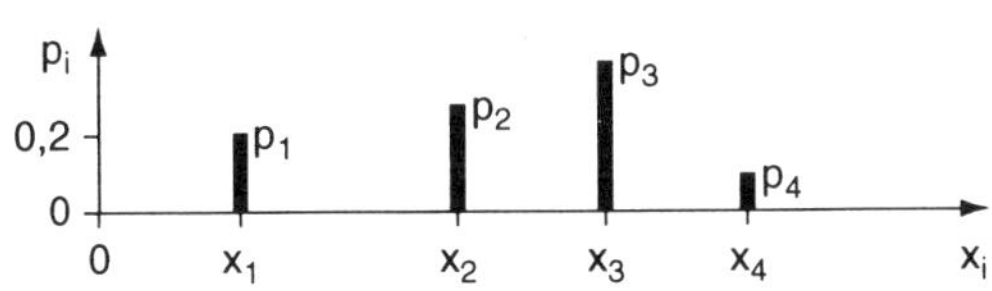

Stabdiagramm

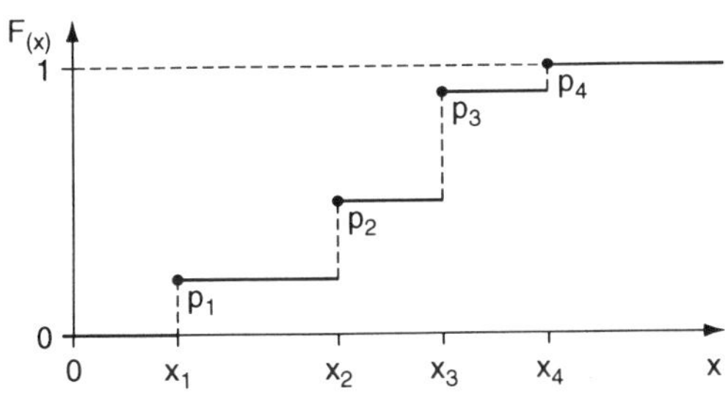

Verteilungsfunktion

3.2.2. Kenngrößen einer diskreten Zufallsvariablen

$P(X = x_{mod}) = \max\limits_{x_i \in W} P(X = x_i)$	x_{mod} ist Modalwert (Modus)
$E(X) = \mu = \sum\limits_i x_i \cdot p_i$, falls $\sum\limits_i \lvert x_i \rvert \cdot p_i < \infty$	Erwartungswert von X
$Var(X) = \sigma^2 = E\left((X-\mu)^2\right) = E(X^2) - [E(X)]^2$ $= \sum\limits_i (x_i - \mu)^2 \cdot p_i = \sum\limits_i x_i^2 \cdot p_i - \mu^2$	Varianz von X, falls $\sum\limits_i x_i^2 \cdot p_i < \infty$
$\sigma = \sqrt{\sigma^2} = \sqrt{Var(X)}$	Standardabweichung
$\frac{\sigma}{\mu} = \frac{\sqrt{Var(X)}}{E(X)}$ für $E(X) \neq 0$	Variationskoeffizient
$E(X^r) = \sum\limits_i x_i^r \cdot p_i$, falls $\sum\limits_i \lvert x_i^r \rvert \cdot p_i < \infty$	r-tes (Anfangs) Moment
$\eta_r = E\left((X-\mu)^r\right) = \sum\limits_i (x_i - \mu)^r \cdot p_i$	r-tes zentrales Moment
$\frac{E\left((X-\mu)^3\right)}{\sigma^3} = \frac{\eta_3}{\sigma^3}$	Schiefe
$\frac{E\left((X-\mu)^4\right)}{\sigma^4} - 3 = \frac{\eta_4}{\sigma^4} - 3$	Exzess (Wölbung)

Eigenschaften des Erwartungswertes und der Varianz

$E(X) = s$, s = Symmetrie-Stelle der Verteilung, falls $E(X)$ existiert;

$E(\lvert X - \mu \rvert) = \sum\limits_i \lvert x_i - \mu \rvert \cdot p_i \leq \sigma = \sqrt{Var(X)}$.

Durch die lineare Transformation

$y_i = a + b\,x_i$; $P(Y = y_i) = P(Y = a + bx_i) = P(X = x_i)$ für $i = 1, 2, \dots$

für $a, b \in \mathbb{R}$ erhält man die lineare Transformation $Y = a + bX$ mit der Verteilung

$\left\{ (y_i = a + bx_i\ ;\ p_i = P(X = x_i)),\ x_i \in W(X) \right\}$;

$E(a + bX) = a + b\,E(X)$	falls $E(X)$ existiert
$Var(a + bX) = b^2\,Var(X)$	falls $Var(X)$ existiert
$\sigma_{a+bX} = \lvert b \rvert \cdot \sigma_X$	Standardabweichung von $a + bX$

$E(X+Y) = E(X) + E(Y)$; $E(aX + bY) = a\,E(X) + b\,E(Y)$, $a, b \in \mathbb{R}$ (Linearität des Erwartungswertes)

$E(\sum_{i=1}^{n} a_i X_i) = \sum_{i=1}^{n} a_i \cdot E(X_i)$ für $a_i \in \mathbb{R}$, $i = 1, 2, \ldots, n$;

$E(X \cdot Y) = E(X) \cdot E(Y)$ und $Var(X+Y) = Var(X) + Var(Y)$ falls X und Y unkorreliert (unabhängig) sind (s. S. 53)

$Var(X+Y) = Var(X) + Var(Y) + 2\,Cov(X, Y)$ (s. S. 53)

$Var(X-Y) = Var(X) + Var(Y) - 2\,Cov(X, Y)$

$Var(\sum_{i=1}^{n} X_i) = \sum_{i=1}^{n} Var(X_i)$, falls die Zufallsvariablen $X_1, X_2, \ldots, X_n$ paarweise unkorreliert (unabhängig) sind

$Var(\sum_{i=1}^{n} X_i) = \sum_{i=1}^{n} Var(X_i) + 2\sum_{j<k} Cov(X_j, X_k)$ (s. S. 53)

Steinerscher Verschiebungssatz

$E\big((X-c)^2\big) = \sum_i (x_i - c)^2 \cdot p_i = Var(X) + (\mu - c)^2$ für jedes $c \in \mathbb{R}$, falls Var (X) existiert.

Funktionssatz

X sei eine diskrete Zufallsvariable mit dem Wertebereich W. Ferner sei $y = g(x)$ eine beliebige reelle Funktion. Dann besitzt die Zufallsvariable $Y = g(X)$ den Erwartungswert

$$E(Y) = E(g(X)) = \sum_i g(x_i) \cdot P(X = x_i),$$

falls diese Reihe absolut konvergiert mit $\sum_i |g(x_i)| \cdot P(X = x_i) < \infty$.

Median und Quantile einer diskreten Zufallsvariablen

$P(X \le \tilde{\mu}) \ge \frac{1}{2} \wedge P(X \ge \tilde{\mu}) \ge \frac{1}{2}$ $\tilde{\mu}$ ist Median von X

$\Leftrightarrow P(X < \tilde{\mu}) \le \frac{1}{2} \wedge P(X > \tilde{\mu}) \le \frac{1}{2}$

Rechts und links vom Median befindet sich jeweils höchstens die Hälfte der Wahrscheinlichkeitsmasse.

$P(X \le \xi_q) \ge q \wedge P(X \ge \xi_q) \ge 1-q$ ξ_q ist q-Quantil von X

$\Leftrightarrow P(X < \xi_q) \le q \wedge P(X > \xi_q) \le 1-q$ für $0 < q < 1$

Links von ξ_q befindet sich höchstens die Wahrscheinlichkeitsmasse q und rechts davon höchstens die Wahrscheinlichkeitsmasse $1-q$.

$\xi_{0,5} = \tilde{\mu}$ das 0,5-Quantil ist der Median

Bestimmung des q-Quantils aus der Verteilungsfunktion

a) Die Verteilungsfunktion F(x) nehme an keiner Stelle den Wert q an. Dann ist das q-Quantil ξ_q der Wert, bei dem die Verteilungsfunktion von unter q auf über q springt.

b) Die Verteilungsfunktion nehme an der Stelle x_0 den Wert q an, es gelte also $F(x_0) = q$. Dann sind x_0 und der nächst größere Wert aus W beides q-Quantile.

3.2.3. Spezielle diskrete Zufallsvariablen

Indikatorvariable

$$I_A(\omega) = \begin{cases} 1 & \text{für } \omega \in A \\ 0 & \text{für } \omega \notin A \end{cases} \qquad p = P(A)$$

$$E(I_A) = E(I_A^2) = p; \quad Var(I_A) = p \cdot (1-p).$$

Gleichmäßige diskrete Verteilung auf $W = \{1, 2, \ldots, m\}$

$$P(X = k) = \frac{1}{m} \quad \text{für } k = 1, 2, \ldots, m$$

$$E(X) = \frac{m+1}{2} \qquad Var(X) = \frac{m^2 - 1}{12}$$

Binomialverteilung (Verteilung der absoluten bzw. relativen Häufigkeit)

$X = H_n(A)$ ist die Zufallsvariable der absoluten Häufigkeit des Ereignisses A in einer unabhängigen Versuchsserie vom Umfang n mit $p = P(A)$. X ist binomialverteilt mit den Parametern n und p; b(n, p)-verteilt.

$$p_k = P(X = k) = \binom{n}{k} \cdot p^k \cdot (1-p)^{n-k} \quad \text{für } k = 0, 1, 2, \ldots, n$$

Rekursionsformel:

$$p_{k+1} = \frac{n-k}{k+1} \cdot \frac{p}{1-p} \cdot p_k \quad \text{für } k = 0, 1, 2, \ldots, n-1 \quad \text{mit } p_0 = (1-p)^n$$

$$E(X) = n\,p; \qquad Var(X) = n\,p\,(1-p)$$

$R_n(A) = \frac{X}{n} = \frac{H_n(A)}{n}$ ist die Zufallsvariable der relativen Häufigkeit mit

$$P\left(R_n(A) = \frac{k}{n}\right) = P(X = k) = p_k \quad \text{für } k = 1, 2, \ldots, n;$$

$$E(R_n(A)) = p; \quad Var(R_n(A)) = \frac{p(1-p)}{n} \le \frac{1}{4n} \to 0 \quad \text{für } n \to \infty$$

Schätzwert für eine unbekannte Wahrscheinlichkeit $p = P(A)$

$\hat{p} = r_n(A)$ (relative Häufigkeit des Ereignisses A)

Darstellung der Binomialverteilung durch die F-Verteilung

An jeder Stelle $m = 0, 1, \ldots, n$ kann die Verteilungsfunktion der Binomialverteilung mit den Parametern p und n

$$P(X \le m) = \sum_{k=0}^{m} \binom{n}{k} \cdot p^k \cdot (1-p)^{n-k}$$

dargestellt werden durch die Verteilungsfunktion einer F-Verteilung mit

$$P(X \le m) = 1 - F_{(2(m+1)\,;\,2(n-m))}\left(\frac{n-m}{m+1} \cdot \frac{p}{1-p}\right)$$

mit $(2(m+1); 2(n-m))$ Freiheitsgraden (s. S. 63)

Approximation der Binomialverteilung durch die Poisson-Verteilung

$$\lim_{\substack{n \to \infty \\ np = \lambda}} \binom{n}{k} \cdot p^k \cdot (1-p)^{n-k} = \frac{\lambda^k}{k!} \cdot e^{-\lambda} \ (\lambda \text{ konstant}) \text{ für } k = 0, 1, 2, 3, \ldots$$

$$\binom{n}{k} \cdot p^k \cdot (1-p)^{n-k} \approx \frac{(np)^k}{k!} \cdot e^{-np} \qquad \text{für} \quad k = 0, 1, 2, 3, \ldots$$

für $n \ge 50$ und $p \le 0{,}1$ (s. S. 48).

Approximation der Binomialverteilung durch die Normalverteilung

Globale Approximation für $np(1-p) > 9$ (mit der Stetigkeitskorrektur)

$$P(k_1 \le X \le k_2) \approx \Phi\left(\frac{k_2 - np + 0{,}5}{\sqrt{np(1-p)}}\right) - \Phi\left(\frac{k_1 - np - 0{,}5}{\sqrt{np(1-p)}}\right)$$

$$0 \le k_1 \le k_2 \le n;$$

$$P(X = k) = \binom{n}{k} p^k (1-p)^{n-k} \approx \Phi\left(\frac{k - np + 0{,}5}{\sqrt{np(1-p)}}\right) - \Phi\left(\frac{k - np - 0{,}5}{\sqrt{np(1-p)}}\right)$$

$$\text{für } k = 0, 1, 2, \ldots, n;$$

Φ ist die Verteilungsfunktion der Standardnormalverteilung (s. S. 57, s. Tab. 1 S. 130).

Lokale Approximation für $np(1-p) > 9$

$$P(X = k) = \binom{n}{k} \cdot p^k \cdot (1-p)^{n-k} \approx \frac{1}{\sqrt{2\pi np(1-p)}} \cdot e^{-\frac{(k-np)^2}{2np(1-p)}}$$

$$\text{für } k = 0, 1, 2, \ldots, n.$$

Urnenmodelle (vgl. S. 34)

Aus einer Urne mit N Kugeln, von denen M schwarz und die restlichen $N - M$ weiß sind, werden n Kugeln zufällig ausgewählt. Die Zufallsvariable X sei die Anzahl der schwarzen Kugeln unter den n gezogenen.

Binomialverteilung beim Ziehen mit Zurücklegen

Falls die Kugeln einzeln mit zwischenzeitlichem Zurücklegen gezogen werden, ist X binomialverteilt mit den Parametern n und p, also

$P(X = k) = p_k = \binom{n}{k} \cdot p^k \cdot (1-p)^{n-k}$ mit $p = \frac{M}{N}$ für $k = 0, 1, 2, \ldots, n$;

$E(X) = np$; $Var(X) = np(1-p)$ n beliebig

Hypergeometrische Verteilung beim Ziehen ohne Zurücklegen

Beim Ziehen ohne Zurücklegen können die n Kugeln einzeln oder gleichzeitig gezogen werden. X ist hypergeometrisch verteilt mit

$$p_k = P(X = k) = \frac{\binom{M}{k} \cdot \binom{N-M}{n-k}}{\binom{N}{n}} \quad \text{für } k = 0, 1, \ldots, n; \; n \leq N.$$

Rekursionsformel

$$p_{k+1} = \frac{n-k}{k+1} \cdot \frac{M-k}{N-M-n+k+1} \cdot p_k \quad \text{für } k = 0, 1, \ldots, n-1;$$

$$E(X) = n \cdot \frac{M}{N}; \quad Var(X) = n \cdot \frac{M}{N} \cdot \left(1 - \frac{M}{N}\right) \cdot \frac{N-n}{N-1} = np\,(1-p)\frac{N-n}{N-1}$$

Approximation der hypergeometrischen durch die Binomialverteilung

$$\lim_{N \to \infty} \frac{\binom{M}{k} \cdot \binom{N-M}{n-k}}{\binom{N}{n}} = \binom{n}{k} \cdot p^k \cdot (1-p)^{n-k} \quad \text{für} \quad \lim_{N \to \infty} \frac{M}{N} = p;$$

$$\frac{\binom{M}{k} \cdot \binom{N-M}{n-k}}{\binom{N}{n}} \approx \binom{n}{k} \cdot p^k \cdot (1-p)^{n-k} \quad \text{mit } \frac{M}{N} = p \text{ für große N.}$$

Poisson-Verteilung (Verteilung seltener Ereignisse)

$W(X) = \{0, 1, 2, 3, \ldots\}$ X ist Poisson-verteilt mit dem Parameter λ

$p_k = P(X = k) = \frac{\lambda^k}{k!} \cdot e^{-\lambda}$, $\lambda > 0$, $k = 0, 1, \ldots$

Rekursionsformel: $p_{k+1} = \frac{\lambda}{k+1} \cdot p_k$ für $k = 0, 1, \ldots$ mit $p_0 = e^{-\lambda}$

$E(X) = Var(X) = \lambda$.

X Poisson-verteilt mit λ_1; Y Poisson-verteilt mit λ_2; X, Y unabhängig $\Rightarrow$ X + Y ist Poisson-verteilt mit dem Parameter $\lambda_1 + \lambda_2$.

Darstellung der Poisson-Verteilung durch eine Chi-Quadrat-Verteilung

An jeder Stelle $m = 0, 1, 2, \ldots$ gilt für die Verteilungsfunktion

$$P(X \leq m) = \sum_{k=0}^{m} \frac{\lambda^k}{k!} \cdot e^{-\lambda} = 1 - P(\chi^2_{2(m+1)} \leq 2\lambda);$$

$\chi^2_{2(m+1)}$ ist Chi-Quadrat-verteilt mit 2(m+1) Freiheitsgraden (s. S. 61).

Negative Binomialverteilung

Ein Zufallsexperiment werde so lange unabhängig durchgeführt, bis das Ereignis A mit $p = P(A)$ genau r-mal eingetreten ist. X beschreibe die Anzahl der dazu benötigten Versuche mit

$$P(X = k + r) = \binom{k + r - 1}{k} p^r (1 - p)^k \quad \text{für} \quad k = 0, 1, 2, \ldots$$

X besitzt eine negative Binomialverteilung der Ordnung r mit

$$E(X) = \frac{r}{p}\ ; \quad Var(X) = \frac{r \cdot (1 - p)}{p^2}.$$

Geometrische Verteilung (Warten auf den ersten Erfolg)

Das gleiche Experiment werde so lange unabhängig durchgeführt, bis das Ereignis A erstmals eintritt (vgl. S. 41). Die Zufallsvariable X der Anzahl der dazu benötigten Versuche ist geometrisch verteilt mit dem Parameter $p = P(A)$. Wertebereich $W(X) = \{1, 2, 3, \ldots\}$

$p_k = P(X = k) = p \cdot (1 - p)^{k-1}$ für $k = 1, 2, \ldots$; $p_{k+1} = (1 - p) \cdot p_k$;

$$E(X) = \frac{1}{p}; \qquad Var(X) = \frac{1 - p}{p^2}.$$

3.3. Zweidimensionale diskrete Zufallsvariable

3.3.1. Gemeinsame Verteilung und Randverteilungen

Gemeinsame Verteilung

$\omega \in \Omega \Rightarrow (X(\omega), Y(\omega)) \in \mathbb{R}^2$ (gleichzeitige Betrachtung von X und Y)

Wertebereiche $W_X = \{x_1, x_2, x_3, \ldots\}$; $\quad W_Y = \{y_1, y_2, y_3, \ldots\}$.

$A_{ij} = \{\omega \in \Omega \mid X(\omega) = x_i, Y(\omega) = y_j\} = \{\omega \mid X(\omega) = x_i\} \cap \{\omega \mid Y(\omega) = y_j\}$

$p_{ij} = P(A_{ij}) = P(X = x_i, Y = y_j) \geq 0$.

$$\sum_i \sum_j p_{ij} = \sum_i \sum_j P(X = x_i, Y = y_j) = 1.$$

$\Big\{\big((x_i, y_j), p_{ij} = P(X = x_i, Y = y_j)\big), x_i \in W_X, y_j \in W_Y\Big\}$ heißt die gemeinsame Verteilung von (X, Y).

Randverteilungen

$$P(X = x_i) = \sum_j P(X = x_i, Y = y_j) = \sum_j p_{ij} = p_{i\cdot} \qquad \text{für jedes } x_i \in W_X$$

$$P(Y = y_j) = \sum_i P(X = x_i, Y = y_j) = \sum_i p_{ij} = p_{\cdot j} \qquad \text{für jedes } y_j \in W_Y$$

$$E(X) = \mu_X = \sum_i x_i \cdot p_{i\cdot} \qquad \text{falls } \sum_i |x_i| \cdot p_{i\cdot} < \infty$$

$$Var(X) = \sigma_X^2 = \sum_i (x_i - \mu_X)^2 \cdot p_{i\cdot} \qquad \text{falls } \sum_i x_i^2 \cdot p_{i\cdot} < \infty$$

$$E(Y) = \mu_Y = \sum_j y_j \cdot p_{\cdot j} \qquad \text{falls } \sum_j |y_j| \cdot p_{\cdot j} < \infty$$

$$Var(Y) = \sigma_Y^2 = \sum_j (y_j - \mu_Y)^2 \cdot p_{\cdot j} \qquad \text{falls } \sum_j y_j^2 \cdot p_{\cdot j} < \infty.$$

Darstellung der gemeinsamen Verteilung in einer Kontingenztafel

	y_1	y_2	$\cdots$	y_j	$\cdots$	Summe
x_1	p_{11}	p_{12}	$\cdots$	p_{1j}	$\cdots$	$p_{1\cdot}$
x_2	p_{21}	p_{22}	$\cdots$	p_{2j}	$\cdots$	$p_{2\cdot}$
$\vdots$	$\vdots$	$\vdots$		$\vdots$		$\vdots$
x_i	p_{i1}	p_{i2}	$\cdots$	p_{ij}	$\cdots$	$p_{i\cdot}$
$\vdots$	$\vdots$	$\vdots$		$\vdots$	$\vdots$	$\vdots$
Summe	$p_{\cdot 1}$	$p_{\cdot 2}$	$\cdots$	$p_{\cdot j}$	$\cdots$	$p_{\cdot\cdot} = 1$

Gemeinsame Verteilungsfunktion

Die für jedes $(x, y) \in \mathbb{R}^2$ durch

$$F(x, y) = P(X \le x, Y \le y) = \sum_{x_i \le x} \sum_{y_j \le y} P(X = x_i, Y = y_j)$$

definierte Funktion F ist die gemeinsame Verteilungsfunktion der beiden diskreten Zufallsvariablen X und Y. Für jedes Paar $(x, y) \in \mathbb{R}^2$ ist $F(x, y)$ die Wahrscheinlichkeit dafür, dass (X, Y) bei der Durchführung des Zufallsexperiments eine Realisierung aus der im nebenstehenden Bild schraffierten Halbebene annimmt.

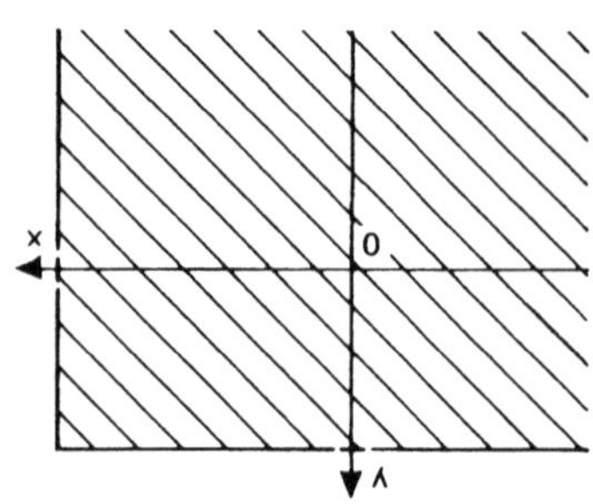

Eigenschaften der gemeinsamen Verteilungsfunktion

$$P(a_1 < X \le b_1,\, a_2 < Y \le b_2) = \sum_{a_1 \le x_i \le b_1} \sum_{a_2 \le y_j \le b_2} P(X = x_i, Y = y_j)$$

$$= F(b_1, b_2) - F(a_1, b_2) - F(b_1, a_2) + F(a_1, a_2) \text{ für } a_1 < b_1;\ a_2 < b_2;$$

F ist in jeder Variablen x und y jeweils monoton wachsend und rechtsseitig stetig. Für jedes x und y gilt

$$\lim_{x \to -\infty} F(x, y) = F(-\infty, y) = 0; \quad \lim_{y \to -\infty} F(x, y) = F(x, -\infty) = 0;$$

$$\lim_{x \to \infty;\ y \to \infty} F(x, y) = F(+\infty, +\infty) = 1$$

$$P(X \le x) = F_1(x) = \lim_{y \to \infty} F(x, y) = F(x, +\infty) \text{ für jedes } x \in \mathbb{R}$$

$$P(Y \le y) = F_2(y) = \lim_{x \to \infty} F(x, y) = F(+\infty, y) \text{ für jedes } y \in \mathbb{R}$$

3.3.2. Unabhängige diskrete Zufallsvariablen

$P(X = x_i, Y = y_j) = P(X = x_i) \cdot P(Y = y_j) \quad \Leftrightarrow \quad$ X und Y **unabhängig**
also $p_{ij} = p_{i\cdot} \cdot p_{\cdot j}$ für alle i, j

$\Leftrightarrow F(x, y) = P(X \le x, Y \le y) = P(X \le x) \cdot P(Y \le y) = F_1(x) \cdot F_2(y)$
für alle $(x, y) \in \mathbb{R}^2$.

X, Y unabhängig $\Rightarrow E(X \cdot Y) = E(X) \cdot E(Y)$

$\Rightarrow Var(X + Y) = Var(X) + Var(Y)$ (s. S. 53)

3.3.3. Bedingte Verteilungen und bedingte Erwartungswerte

Bei festgehaltenem Ereignis $(X = x_i)$ mit $P(X = x_i) = p_{i\cdot} > 0$ erhält man die bedingten Wahrscheinlichkeiten

$$P(Y = y_j \mid X = x_i) = \frac{P(X = x_i, Y = y_j)}{P(X = x_i)} = \frac{p_{ij}}{p_{i\cdot}} \quad \text{für } j = 1, 2, \ldots$$

Falls nur noch Wertepaare (x_i, y_j) mit festem x_i betrachtet werden für $j = 1, 2, \ldots$, sind diese Paare (x_i, y_j), $y_j \in W_Y$ Realisierungen der diskreten bedingten Zufallsvariablen $Y \mid (X = x_i)$.

Sie besitzt die bedingte Verteilung $\left\{\left(y_j, \frac{p_{ij}}{p_{i\cdot}}\right), j = 1, 2, \ldots\right\}$ und den bedingten Erwartungswert

$$E\left(Y \mid (X = x_i)\right) = \sum_j y_j \cdot \frac{p_{ij}}{p_{i\cdot}} \quad \text{für jedes } i \text{ mit } x_i \in W_X \quad (x_i \text{ fest}).$$

Im Falle der Existenz gilt

$$E(Y) = \sum_j y_j \cdot p_{\cdot j} = \sum_i E\left(Y \mid (X = x_i)\right) \cdot P(X = x_i) \quad \text{(gewichtetes Mittel)}$$

Bei unabhängigen Zufallsvariablen gilt für alle i, j

$P(Y = y_j \mid X = x_i) = P(Y = y_j)$ und $E\big(Y \mid (X = x_i)\big) = E(Y)$

$\Rightarrow \; Y \mid (X = x_i) = Y$

(alle bedingten Verteilungen von Y unter der Bedingung $(X = x_i)$ für $i = 1, 2, \ldots$ stimmen mit der absoluten Verteilung von Y überein).

Für festgehaltenes $(Y = y_j)$ mit $(Y = y_j) = p_{\cdot j} > 0$ erhält man mit

$$P(X = x_i \mid Y = y_j) = \frac{P(X = x_i, Y = y_j)}{P(Y = y_j)} = \frac{p_{ij}}{p_{\cdot j}} \quad \text{für } i = 1, 2, \ldots$$

die bedingte Zufallsvariable $X \mid (Y = y_j)$ mit der

bedingten Verteilung $\left\{ \left(x_i, \frac{p_{ij}}{p_{\cdot j}} \right) \text{ für } i = 1, 2, \ldots \right\}$

und dem bedingten Erwartungswert

$E\big(X \mid (Y = y_j)\big) = \sum_i x_i \cdot \frac{p_{ij}}{p_{\cdot j}}$ für jedes j mit $y_j \in W_Y$ (y_j fest).

$E(X) = \sum_j E\big(X \mid (Y = y_j)\big) \cdot P(Y = y_j)$ (gewichtetes Mittel)

Bei unabhängigen Zufallsvariablen gilt für alle i, j

$P(X = x_i \mid Y = y_j) = P(X = x_i)$; $\quad E\big(X \mid (Y = y_j)\big) = E(X)$.

3.3.4. Kenngrößen einer zweidimensionalen Zufallsvariablen

Funktionssatz

Für eine beliebige reellwertige Funktion $g(x, y)$ besitzt die Zufallsvariable $Z = g(X, Y)$ den Erwartungswert

$E(Z) = E(g(X, Y)) = \sum_{i,j} g(x_i, y_j) \cdot P(X = x_i, Y = y_j)$,

falls $\sum_{i,j} |g(x_i, y_j)| \cdot P(X = x_i, Y = y_j) < \infty$ (absolute Konvergenz).

Kovarianz

$$\begin{aligned} \mathrm{Cov}(X, Y) = \sigma_{XY} &= E\big([X - E(X)] \cdot [Y - E(Y)]\big) = E(X \cdot Y) - E(X) \cdot E(Y) \\ &= \sum_i \sum_j (x_i - \mu_X) \cdot (y_j - \mu_Y) \cdot P(X = x_i, Y = y_j) \\ &= \sum_i \sum_j x_i \cdot y_j \, P(X = x_i, Y = y_j) - \mu_X \cdot \mu_Y \qquad \text{(Kovarianz)} \end{aligned}$$

Korrelationskoeffizient

$$\rho = \rho(X, Y) = \frac{\mathrm{Cov}(X, Y)}{\sqrt{\mathrm{Var}(X)} \cdot \sqrt{\mathrm{Var}(Y)}} = \frac{\sigma_{XY}}{\sigma_X \cdot \sigma_Y} \quad \text{für } \sigma_X, \sigma_Y > 0$$

Korrelationskoeffizient

$\rho = 0$ — X und Y sind **unkorreliert**

$\rho \approx 0$ — X und Y sind schwach korreliert

$\rho > 0$ — X und Y sind positiv korreliert

$\rho < 0$ — X und Y sind negativ korreliert

X, Y unabhhängig $\Rightarrow$ X und Y sind unkorreliert

Aus der Unkorreliertheit folgt jedoch nicht die Unabhängigkeit.

Eigenschaften des Korrelationskoeffizienten

$$\rho(a_1 + b_1 X, a_2 + b_2 Y) = \frac{b_1 \cdot b_2}{|b_1 \cdot b_2|} \cdot \rho(X, Y) = \pm \rho(X, Y)$$

für $a_1, b_1, a_2, b_2 \in \mathbb{R}$, $b_1, b_2 \neq 0$; $+$ für $b_1 \cdot b_2 > 0$; $-$ für $b_1 \cdot b_2 < 0$

ρ ist unabhängig vom Maßstab;

$-1 \leq \rho \leq 1$, d. h. $\rho^2 \leq 1$; $|\rho| \leq 1$

$|\rho| = 1$ $\Leftrightarrow$ alle Wertepaare (x_i, y_j) mit $P(X = x_i, Y = y_j) > 0$ liegen auf einer Geraden.

$\rho = +1 \Leftrightarrow Y - \mu_Y = \frac{\sigma_Y}{\sigma_X} \cdot (X - \mu_X)$ (positive Steigung)

$\rho = -1 \Leftrightarrow Y - \mu_Y = -\frac{\sigma_Y}{\sigma_X} \cdot (Y - \mu_X)$ (negative Steigung)

Varianz einer Summe

$$\mathrm{Var}(X + Y) = \mathrm{Var}(X) + \mathrm{Var}(Y) + 2\,\mathrm{Cov}(X, Y)$$

$$\mathrm{Var}(X - Y) = \mathrm{Var}(X) + \mathrm{Var}(Y) - 2\,\mathrm{Cov}(X, Y)$$

X, Y unkorreliert (unabhängig) $\Rightarrow$ $\mathrm{Var}(X + Y) = \mathrm{Var}(X) + \mathrm{Var}(Y)$

$$\mathrm{Var}\left(\sum_{i=1}^{n} X_i\right) = \sum_{i=1}^{n} \mathrm{Var}(X_i) + 2 \sum_{j<k} \mathrm{Cov}(X_j, X_k)$$

$$\mathrm{Var}\left(\sum_{i=1}^{n} X_i\right) = \sum_{i=1}^{n} \mathrm{Var}(X_i)$$ falls die Zufallsvariablen $X_1, X_2, \ldots, X_n$ paarweise unkorreliert (unabhängig) sind

3.4. Eindimensionale stetige Zufallsvariable

3.4.1. Dichte und Verteilungsfunktion

$f(x) \geq 0$ für alle $x \in \mathbb{R}$ und $\int_{-\infty}^{+\infty} f(x)\,dx = 1$	f ist **Dichte**
$P(a \leq X \leq b) = P(\{\omega \in \Omega \mid a \leq X(\omega) \leq b\})$ $= \int_a^b f(x)\,dx$ für alle $a \leq b$	X ist **stetig** mit der Dichte f
$P(X = x) = 0$ für jedes $x \in \mathbb{R}$	
$P(x_0 \leq X \leq x_0 + \Delta x) \approx f(x_0) \cdot \Delta x$ für kleine $\Delta x > 0$	falls f an der Stelle x_0 rechtsseitig stetig ist
$F(x) = P(X \leq x) = \int_{-\infty}^{x} f(u)\,du; \quad x \in \mathbb{R}$	Verteilungsfunktion von X
F ist stetig und monoton wachsend mit $\lim_{x \to -\infty} F(x) = F(-\infty) = 0; \quad \lim_{x \to +\infty} F(x) = F(+\infty) = 1$	
$F'(x) = \frac{dF(x)}{dx} = f(x)$	falls f an der Stelle x stetig ist

3.4.2. Kenngrößen einer stetigen Zufallsvariablen

$\mu = E(X) = \int_{-\infty}^{+\infty} x \cdot f(x)\,dx$ falls $\int_{-\infty}^{+\infty} \lvert x \rvert \cdot f(x)\,dx < \infty$	Erwartungswert von X
$f(x_{mod}) \geq f(x)$ für alle $x \in \mathbb{R}$, falls f an der Stelle x_{mod} einseitig stetig ist	x_{mod} ist Modalwert (Modus)
$F(\tilde{\mu}) = P(X \leq \tilde{\mu}) = \frac{1}{2}$	$\tilde{\mu}$ ist der Median (Zentralwert)
$F(\xi_q) = P(X \leq \xi_q) = q$	ξ_q ist das q-Quantil für $0 < q < 1$
$\sigma^2 = Var(X) = E((X-\mu)^2) = E(X^2) - [E(X)]^2$ $= \int_{-\infty}^{+\infty} (x-\mu)^2 f(x)\,dx$ $= \int_{-\infty}^{+\infty} x^2 f(x)\,dx - \mu^2$, falls $\int_{-\infty}^{+\infty} x^2 f(x)\,dx < \infty$	Varianz von X
$\sigma = +\sqrt{\sigma^2}$	Standardabweichung

$\frac{\sigma}{\mu} = \frac{\sqrt{\mathrm{Var}(X)}}{E(X)}$ für $E(X) \neq 0$	Variationskoeffizient
$E(X^r) = \int_{-\infty}^{+\infty} x^r f(x)\,dx$	r-tes (Anfangs-) Moment
falls $\int_{-\infty}^{+\infty} \lvert x \rvert^r f(x)\,dx < \infty$	
$\eta_r = E\big((X-\mu)^r\big) = \int_{-\infty}^{+\infty} (x-\mu)^r f(x)\,dx$	r-tes zentrales Moment
$\frac{E\big((X-\mu)^3\big)}{\sigma^3} = \frac{\eta_3}{\sigma^3}$	Schiefe
$\frac{E\big((X-\mu)^4\big)}{\sigma^4} - 3 = \frac{\eta_4}{\sigma^4} - 3$	Exzess (Wölbung)

Eigenschaften des Erwartungswertes und der Varianz

$E(X) = s$, wenn f zu $x = s$ achsensymmetrisch ist, d. h. $f(s+u) = f(s-u)$ für alle $u \in \mathbb{R}$	falls E(X) existiert
$E(\lvert X-\mu \rvert) = \int_{-\infty}^{+\infty} \lvert x-\mu \rvert \cdot f(x)\,dx \leq \sigma = \sqrt{\mathrm{Var}(X)}$	
$E(a+bX) = a + b\,E(X)$, $a, b \in \mathbb{R}$	falls E(X) existiert
$\mathrm{Var}(a+bX) = b^2\,\mathrm{Var}(X)$,	falls Var(X) existiert
$\sigma_{a+bX} = \lvert b \rvert \cdot \sigma_X$	Standardabweichung von $a + bX$
$E(X+Y) = E(X) + E(Y)$; $E(aX+bY) = a\,E(X) + b\,E(Y), a, b \in \mathbb{R}$	(Linearität des Erwartungswertes)
$E(\sum_{i=1}^{n} a_i X_i) = \sum_{i=1}^{n} a_i \cdot E(X_i)$ für $a_i \in \mathbb{R}$, $i = 1, 2, \ldots, n$	
$E(X \cdot Y) = E(X) \cdot E(Y)$ und $\mathrm{Var}(X+Y) = \mathrm{Var}(X) + \mathrm{Var}(Y)$	falls X und Y unkorreliert (unabhängig) sind (s. S. 68)
$\mathrm{Var}(X+Y) = \mathrm{Var}(X) + \mathrm{Var}(Y) + 2\,\mathrm{Cov}(X, Y)$ $\mathrm{Var}(X-Y) = \mathrm{Var}(X) + \mathrm{Var}(Y) - 2\,\mathrm{Cov}(X, Y)$	(s. S. 68)
$\mathrm{Var}(\sum_{i=1}^{n} X_i) = \sum_{i=1}^{n} \mathrm{Var}(X_i)$	falls die Zufallsvariablen $X_1, X_2, \ldots, X_n$ paarweise unkorreliert (unabhängig) sind
$\mathrm{Var}(\sum_{i=1}^{n} X_i) = \sum_{i=1}^{n} \mathrm{Var}(X_i) + 2 \sum_{j<k} \mathrm{Cov}(X_j, X_k)$	(s. S. 68)

Steinerscher Verschiebungssatz

$E\big((X-c)^2\big) = \int_{-\infty}^{+\infty} (x-c)^2 \cdot f(x)\,dx = Var(X) + (\mu - c)^2$ für jedes $c \in \mathbb{R}$, falls Var (X) existiert.

Funktionssatz

X besitze die Dichte f(x). $y = g(x)$ sei eine reelle Funktion, für die $Y = g(X)$ eine Zufallsvariable ist. Dann besitzt die Zufallsvariable $Y = g(X)$ den Erwartungswert

$$E(Y) = E(g(X)) = \int_{-\infty}^{+\infty} g(x) f(x)\,dx, \quad \text{falls} \quad \int_{-\infty}^{+\infty} |g(x)| \cdot f(x)\,dx < \infty.$$

Standardisierung

X besitze die Dichte f, die Verteilungsfunktion F, den Erwartungswert μ und die Standardabweichung $\sigma \neq 0$. Dann gilt für die **standardisierte Zufallsvariable**

$$X^* = \frac{X-\mu}{\sigma} \quad \Leftrightarrow \quad X = \mu + \sigma X^*$$

$E(X^*) = 0;\quad Var(X^*) = 1$

Verteilungsfunktion von X^*: $P(X^* \leq x) = F(\mu + \sigma x)$

Dichte von X^*: $g(x) = \sigma \cdot f(\mu + \sigma x)$

3.4.3. Spezielle stetige Zufallsvariablen

Gleichmäßige Verteilung

$$f(x) = \begin{cases} \frac{1}{b-a} & \text{für } a \leq x \leq b \\ 0 & \text{sonst} \end{cases}, \quad a < b$$

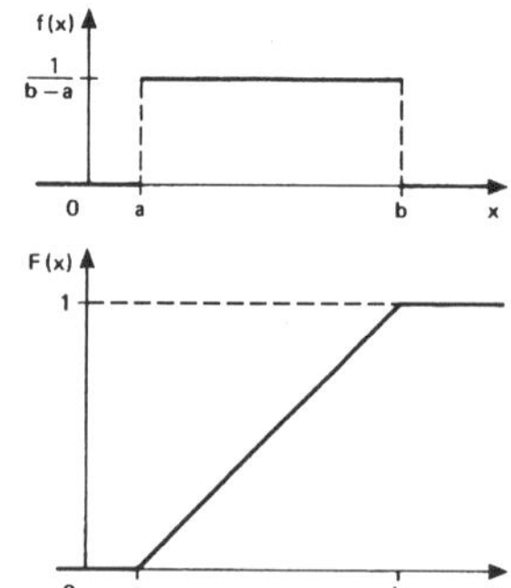

$$F(x) = \begin{cases} 0 & \text{für } x < a \\ \frac{x-a}{b-a} & \text{für } a \leq x \leq b \\ 1 & \text{für } x > b \end{cases}$$

$E(X) = \tilde{\mu} = \frac{a+b}{2}$; $Var(X) = \frac{(b-a)^2}{12}$; Y in $[0;1]$ gleichmäßig verteilt

$\Leftrightarrow X = a + (b-a)Y$ in $[a;b]$ gleichmäßig verteilt.

Exponentialverteilung

$$f(x) = \begin{cases} 0 & \text{für } x < 0 \\ \lambda \cdot e^{-\lambda x} & \text{für } x \geq 0 \end{cases}, \quad \lambda > 0$$

$$F(x) = \begin{cases} 0 & \text{für } x < 0 \\ 1 - e^{-\lambda x} & \text{für } x \geq 0 \end{cases}$$

$E(X) = \frac{1}{\lambda}$; $\quad Var(X) = \frac{1}{\lambda^2}$

$\tilde{\mu} = \frac{\ln 2}{\lambda}$; $\quad x_{Mod.} = 0$

$E(X^k) = \frac{k!}{\lambda^k}$ für $k = 1, 2, \ldots$

Schiefe = 2; Exzess = 6.

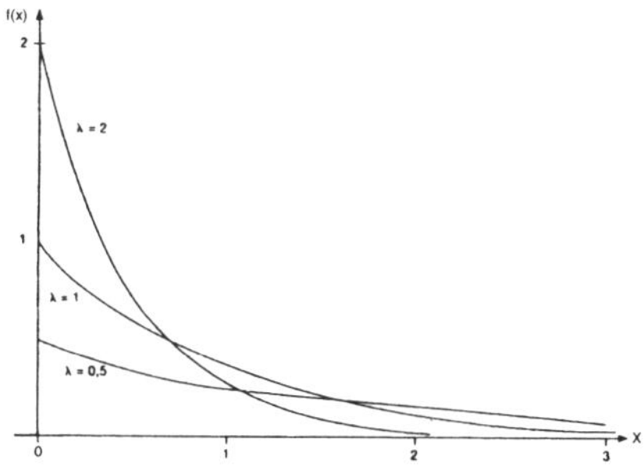

X sei exponentialverteilt mit dem Parameter $\lambda > 0$

$\Rightarrow \quad P(X \leq x + \Delta x \mid X \geq x) = P(0 \leq X \leq \Delta x)$ für alle $x > 0$; $\Delta x > 0$.

Falls X eine Lebensdauer ist, findet wegen dieser Eigenschaft keine Alterung statt. An jeder Stelle x ist die Restlebensdauer genau so verteilt wie die Ausgangsvariable X (Lebensdauer eines neuen Geräts).

$X_1, X_2, \ldots, X_n$ seien unabhängige mit dem gleichen Parameter λ exponentialverteilte Zufallsvariablen

$\Rightarrow 2\lambda \cdot \sum_{i=1}^{n} X_i$ ist Chi-Quadrat-verteilt mit 2n Freiheitsgraden (s. S. 61).

Standardnormalverteilung - N(0;1)-Verteilung

Dichte $\varphi(z) = \frac{1}{\sqrt{2\pi}} \cdot e^{-\frac{z^2}{2}}, \; z \in \mathbb{R}$

Verteilungsfunktion

$\Phi(z) = P(Z \leq z) = \int_{-\infty}^{z} \varphi(u)\, du$

$\Phi(-z) = 1 - \Phi(z)$ für jedes $z \in \mathbb{R}$

Werte von Φ für $z \geq 0$ s. Tab. 1 S. 130

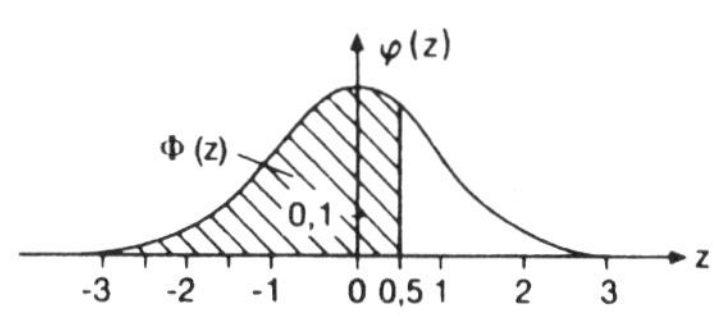

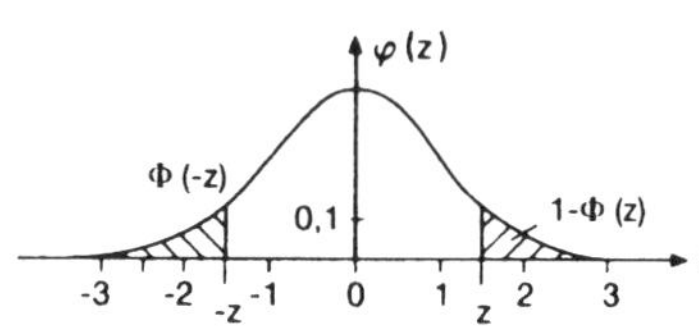

$E(Z) = 0$; $\quad Var(Z) = 1$

Median $\tilde{\mu} = 0$; $\quad$ Modus $z_{Mod} = 0$;

für die q-Quantile z_q mit $\Phi(z_q) = q$ gilt

$z_{1-q} = -z_q$ für $0 < q < 1$ (s. Tab. 2 S. 132)

$P(-z \leq Z \leq z) = 2\Phi(z) - 1$

$P(-1 \leq Z \leq 1) = 2\Phi(1) - 1 \approx 0{,}683 \approx \frac{2}{3}$

$P(-2 \leq Z \leq 2) = 2\Phi(2) - 1 \approx 0{,}954$

$P(-3 \leq Z \leq 3) = 2\Phi(3) - 1 \approx 0{,}997.$

Allgemeine Normalverteilung - $N(\mu;\sigma^2)$-Verteilung

$X = \mu + \sigma Z$; $\sigma > 0$; Z sei standardnormalverteilt

$E(X) = \mu$; $Var(X) = \sigma^2$

Dichte von X $\quad f(x) = \frac{1}{\sigma} \cdot \varphi\left(\frac{x-\mu}{\sigma}\right) = \frac{1}{\sqrt{2\pi} \cdot \sigma} \cdot e^{-\frac{(x-\mu)^2}{2\sigma^2}}$, $x \in \mathbb{R}$;

Verteilungsfunktion von X $\quad F(x) = P(X \le x) = \Phi\left(\frac{x-\mu}{\sigma}\right)$, $x \in \mathbb{R}$;

$P(a \le X \le b) = \Phi\left(\frac{b-\mu}{\sigma}\right) - \Phi\left(\frac{a-\mu}{\sigma}\right)$ für $a < b$

$P(|X-\mu| \le k\sigma) = 2\Phi(k) - 1$ für $k > 0$

$P(|X-\mu| \le \sigma) \approx 0{,}683$ (Ein-Sigma-Regel)

$P(|X-\mu| \le 2\sigma) \approx 0{,}954$ (Zwei-Sigma-Regel)

$P(|X-\mu| \le 3\sigma) \approx 0{,}997$ (Drei-Sigma-Regel)

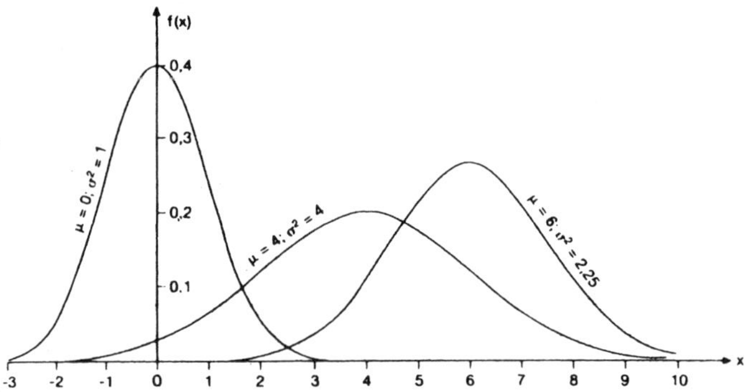

Dichten von Normalverteilungen

Zentrale Momente

$$\eta_r = E\left((X-\mu)^r\right) = \begin{cases} 0 & \text{für ungerades r} \\ 1 \cdot 3 \cdot \ldots \cdot (r-1) \cdot \sigma^r & \text{für gerades r} \end{cases}$$

Schiefe = Exzess = 0

Eigenschaften von Normalverteilungen

X sei $N(\mu;\sigma^2)$-verteilt

$\Rightarrow Y = a + bX$, $a, b \in \mathbb{R}$, $b \neq 0$ ist $N(a + b\mu; b^2\sigma^2)$-verteilt;

X_i seien $N(\mu_i; \sigma_i^2)$-verteilt für $i = 1, 2, \ldots, n$ und unabhängig

$\Rightarrow \quad Y = \sum_{i=1}^{n} c_i X_i$, $c_i \in \mathbb{R}$, nicht alle $c_i = 0$, ist normalverteilt mit

$\mu = E(Y) = \sum_{i=1}^{n} c_i \mu_i$ und $\sigma^2 = Var(Y) = \sum_{i=1}^{n} c_i^2 \sigma_i^2$

Logarithmische Normalverteilung (Lognormalverteilung)

$Y = \ln(X)$ sei $N(\mu;\sigma^2)$-verteilt $\Leftrightarrow$ X heißt logarithmisch normalverteilt

$$f(x) = \begin{cases} \frac{1}{\sqrt{2\pi}\cdot\sigma}\cdot\frac{1}{x}\cdot e^{-\frac{(\ln x-\mu)^2}{2\sigma^2}} & \text{für } x > 0 \\ 0 & \text{für } x \le 0 \end{cases}$$

Dichte von X (vgl. S. 75)

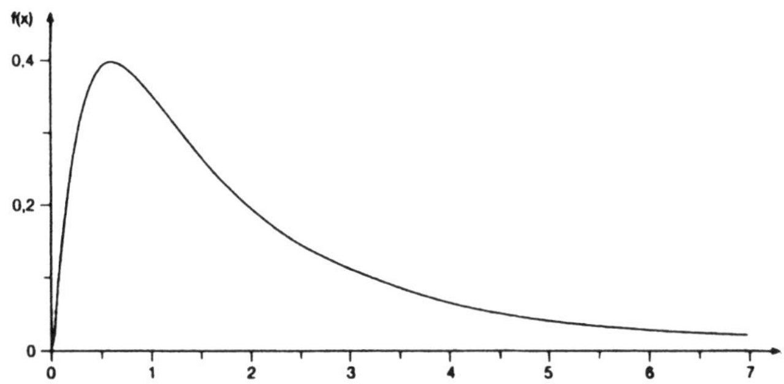

$$E(X) = e^{\mu+\frac{\sigma^2}{2}}; \quad Var(X) = e^{2\mu+\sigma^2}\cdot(e^{\sigma^2}-1); \quad E(X^r) = e^{r\mu+\frac{r^2\sigma^2}{2}}$$

Median: $\tilde{\mu} = e^{\mu}$; Modalwert: $x_{Mod} = e^{\mu-\sigma^2}$;

Schiefe: $\frac{E\left((X-\mu)^3\right)}{\sigma^3} = \sqrt{e^{\sigma^2}-1}\cdot\left(e^{\sigma^2}+1\right) > 0$ (rechtsschief).

Erlang-Verteilung

$X_1, X_2, \ldots, X_n$ seien unabhängig und alle mit dem gleichen Parameter $\lambda > 0$ exponentialverteilt

$\Rightarrow$ $X = \sum_{i=1}^{n} X_i$ ist Erlang-verteilt mit den Parametern n und λ.

$E(X) = \frac{n}{\lambda}$; $Var(X) = \frac{n}{\lambda^2}$

$$f(x) = \begin{cases} 0 & \text{für } x \le 0 \\ \frac{\lambda^n}{(n-1)!}\cdot x^{n-1}\cdot e^{-\lambda x} & \text{für } x > 0 \end{cases}$$

$$F(x) = 1 - e^{-\lambda x}\cdot\left[1 + \frac{\lambda x}{1!} + \frac{(\lambda x)^2}{2!} + \ldots + \frac{(\lambda x)^n}{n!}\right] \text{ für } x > 0$$

$F(x) = 0$ für $x \le 0$.

Für $\lambda = \frac{1}{2}$ ist die Erlang-Verteilung eine Chi-Quadrat-Verteilung mit 2n Freiheitsgraden (s. S. 61).

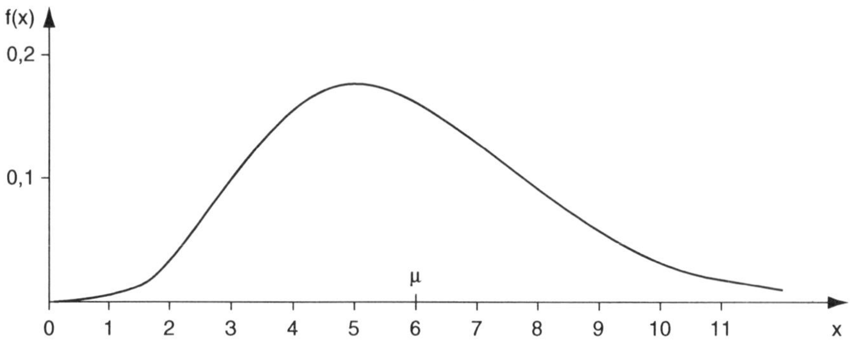

Erlang-Verteilung mit n = 6 und $\lambda = 1$

Weibull-Verteilung

$$f(x) = \begin{cases} 0 & \text{für } x < 0 \\ a\,b\,x^{b-1} \cdot e^{-a x^b} & \text{für } x \geq 0 \end{cases}$$

$$F(x) = \begin{cases} 0 & \text{für } x < 0 \\ 1 - e^{-a x^b} & \text{für } x \geq 0 \end{cases} \qquad a > 0,\ b > 0$$

$$E(X) = \frac{\Gamma(\frac{1}{b}+1)}{a^{\frac{1}{b}}}; \qquad Var(X) = \frac{\Gamma(\frac{2}{b}+1) - [\Gamma(\frac{1}{b}+1)]^2}{a^{\frac{2}{b}}}.$$

Gammafunktion: $\Gamma(x) = \int_0^\infty u^{x-1} \cdot e^{-u} du,\ x > 0;\ \Gamma(n) = (n-1)!,\ n \in \mathbb{N}$.

Weibull-Verteilungen treten bei der Untersuchung von Ermüdungserscheinungen von Werkstoffen auf.

Gammaverteilung

$$f(x) = \begin{cases} 0 & \text{für } x \leq 0 \\ \frac{\lambda^b}{\Gamma(b)} \cdot x^{b-1} \cdot e^{-\lambda x} & \text{für } x > 0 \end{cases} \qquad \text{mit } \lambda > 0,\ b > 0$$

Gammafunktion s. o.

$$E(X^r) = \frac{b \cdot (b+1) \cdot \ldots \cdot (b+r-1)}{\lambda^r} \quad \text{für } r = 1, 2, \ldots$$

$$E(X) = \frac{b}{\lambda}; \quad Var(X) = \frac{b}{\lambda^2}$$

$b = 1;\ \Gamma(1) = 1$ ergibt als Spezialfall die Exponentialverteilung (S. 57)

Chi-Quadrat-Verteilung (Testverteilung)

$\chi_n^2 = Z_1^2 + Z_2^2 + \ldots + Z_n^2$; $Z_1, Z_2, \ldots, Z_n$ unabhängig $N(0;1)$-verteilt

χ_n^2 ist Chi-Quadrat-verteilt (χ^2-verteilt) mit n Freiheitsgraden.

$E(\chi_n^2) = n$; $Var(\chi_n^2) = 2n$ für $n = 1, 2, \ldots$

Dichte

$$g_n(x) = \begin{cases} 0 & \text{für } x < 0 \\ \frac{1}{2^{\frac{n}{2}}\Gamma(\frac{n}{2})} x^{\frac{n}{2}-1} e^{-\frac{x}{2}} & \text{für } x \geq 0 \end{cases}$$

Γ-Funktion s. S. 60

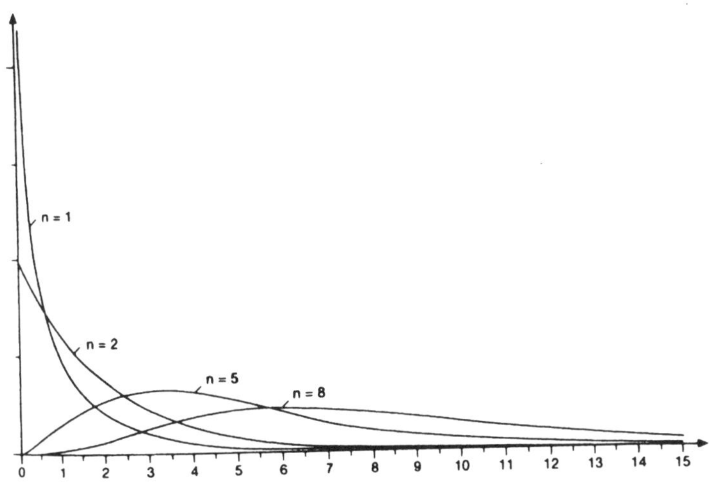

Dichten verschiedener Chi-Quadrat-Verteilungen

q-Quantile $\chi^2_{n;q}$ mit $P(\chi_n^2 \leq \chi^2_{n;q}) = q$ s. Tab. 4 S. 135

Da die Dichte nicht symmetrisch ist, müssen die Quantile an beiden Enden tabelliert werden.

Approximation der Chi-Quadrat-Verteilung durch die Normalverteilung

Für $n > 30$ ist χ_n^2 näherungsweise normalverteilt mit

$$P(\chi_n^2 \leq x) = P\left(\frac{\chi_n^2 - n}{\sqrt{2n}} \leq \frac{x-n}{\sqrt{2n}}\right) \approx \Phi\left(\frac{x-n}{\sqrt{2n}}\right) \text{ für } n > 30,$$

Φ Verteilungsfunktion der Standardnormalverteilung.

$\chi^2_{n;q} \approx n + \sqrt{2n} \cdot z_q$; z_q = q-Quantil der Standardnormalverteilung.

t-Verteilung (Testverteilung)

$T_n = \dfrac{Z}{\sqrt{\chi_n^2/n}}$; Z ist N(0 ; 1)-verteilt; χ_n^2 ist Chi-Quadrat-verteilt mit n Freiheitsgraden (FG)

Z und χ_n^2 unabhängig;

T_n ist t-verteilt (Student-verteilt) mit n Freiheitsgraden.

Dichte

$$g_n(t) = \frac{\Gamma(\frac{n+1}{2})}{\sqrt{n\pi}\ \Gamma(\frac{n}{2})} \cdot \frac{1}{\left(1 + \frac{t^2}{n}\right)^{\frac{n+1}{2}}}, \quad -\infty < t < \infty$$

$g_n(-t) = g_n(t)$ (Achsensymmetrie); Γ-Funktion s. S. 60.

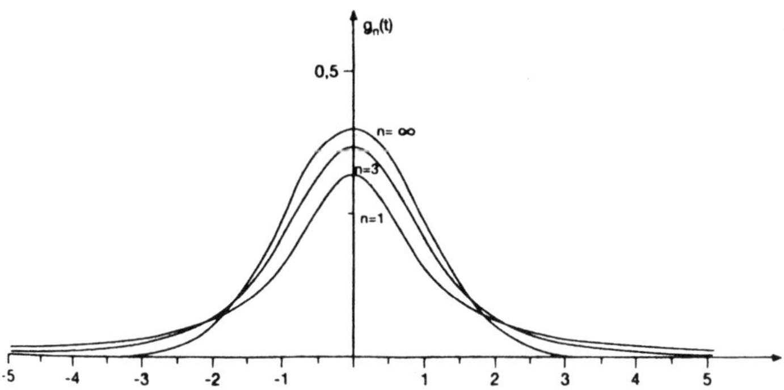

Dichten von t-Verteilungen

$g_1(t) = \dfrac{1}{\pi(1+t^2)}$ Dichte der **Cauchy-Verteilung**; sie besitzt keinen Erwartungswert.

$E(T_n) = 0$ für $n \geq 2$; $\quad Var(T_n) = \dfrac{n}{n-2}$ für $n \geq 3$

Quantile $t_{n;q}$ mit $P(T_n \leq t_{n;q}) = q$ s. Tab. 3 S. 133

$t_{n;q} = -t_{n;1-q}$ für $0 < q < 1$ (Symmetrie);

daher genügt die Vertafelung der rechtsseitigen Quantile.

Approximation der t-Verteilung durch die Standardnormalverteilung

$$\lim_{n\to\infty} g_n(t) = \frac{1}{\sqrt{2\pi}} \cdot e^{-\frac{t^2}{2}} = \varphi(t) \quad \text{(Dichte der Standardnormalverteilung)}$$

$P(T_n \leq t) \approx \Phi(t)$; $t_{n;q} \approx z_q$ (Standardnormalverteilung) für $n > 30$.

F-Verteilung (Testverteilung)

$$F_{(m,n)} = \frac{\frac{1}{m}\chi_m^2}{\frac{1}{n}\chi_n^2}$$

χ_m^2 Chi-Quadrat-verteilt mit m Freiheitsgraden

χ_n^2 Chi-Quadrat-verteilt mit n Freiheitsgraden

χ_m^2 und χ_n^2 unabhängig

$F_{(m,n)}$ ist F-verteilt (Fisher-verteilt) mit (m , n) Freiheitsgraden.

Dichte

$$g_{(m,n)}(x) = \begin{cases} 0 & \text{für } x < 0 \\ \frac{\Gamma(\frac{m+n}{2})}{\Gamma(\frac{m}{2})\Gamma(\frac{n}{2})}\left(\frac{m}{n}\right)^{\frac{m}{2}} \cdot \frac{x^{\frac{m}{2}-1}}{(1+\frac{m}{n}x)^{\frac{m+n}{2}}} & \text{für } x \geq 0 \end{cases}$$

Γ-Funktion s. S. 60.

Für $n \leq 2$ existiert der Erwartungswert nicht, für $n \leq 4$ keine Varianz.

$$E(F_{(m,n)}) = \frac{n}{n-2} \text{ für } n > 2; \quad Var(F_{(m,n)}) = \frac{2n^2(m+n-2)}{m(n-2)^2(n-4)} \text{ für } n > 4$$

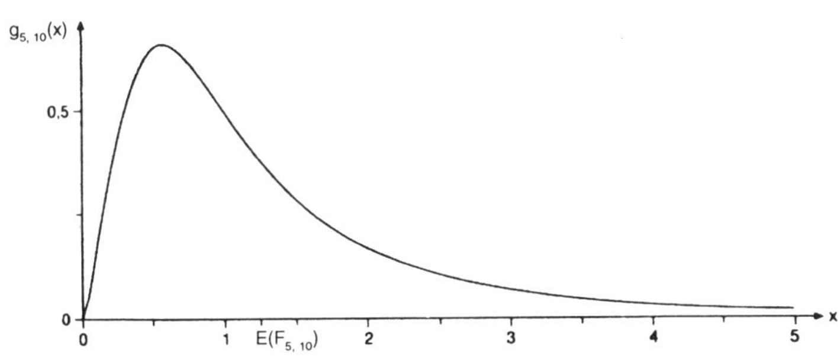

Dichte der F-Verteilung mit (5 , 10) Freiheitsgraden

Quantile $f_{(m,n);q}$ mit $P(F_{(m,n)} \leq f_{(m,n);q}) = q$ s. Tab. 5 S. 138

Umrechnungsformeln:

$$f_{(n,m);1-q} = \frac{1}{f_{(m,n);q}}; \qquad f_{(n,m);q} = \frac{1}{f_{(m,n);1-q}}$$

$$f_{(m,n);q} \approx \frac{\chi^2_{m;q}}{m} \quad \text{für große n} \quad (\text{Gleichheitszeichen für } "n = \infty")$$

$$f_{(m,n);q} \approx \frac{n}{\chi^2_{n;1-q}} \quad \text{für große m} \quad (\text{Gleichheitszeichen für } "m = \infty")$$

3.5. Zweidimensionale stetige Zufallsvariable

3.5.1. Gemeinsame Verteilung und Randverteilungen

Gemeinsame Dichte

$f(x,y) \geq 0$ für alle $(x,y) \in \mathbb{R}^2$

mit $\int_{-\infty}^{+\infty}\int_{-\infty}^{+\infty} f(x,y)\,dx\,dy = 1$

zweidimensionale Dichte der stetig verteilten zweidimensionalen Zufallsvariablen (X,Y)

$P((X,Y) \in G) = P(\{\omega \in \Omega \mid (X(\omega),Y(\omega)) \in G\}) = \iint_G f(x,y)\,dx\,dy$ für jedes Gebiet $G \subset \mathbb{R}^2$

$P(x_0 \leq X \leq x_0 + \Delta x,\ y_0 \leq Y \leq y_0 + \Delta y) \approx f(x_0, y_0)\,\Delta x\,\Delta y$

für kleine Δx, Δy, falls f an der Stelle (x_0, y_0) stetig ist.

$P(a_1 \leq X \leq b_1,\ a_2 \leq Y \leq b_2) = \int_{a_1}^{b_1}\int_{a_2}^{b_2} f(x,y)\,dx\,dy$ für $a_1 < b_1;\ a_2 < b_2$

$P((X,Y) = (x,y)) = 0$ für jedes $(x,y) \in \mathbb{R}^2$;

$P((X,Y) \in L)$ für jede Linie $L \in \mathbb{R}^2$ (mit dem Flächeninhalt 0)

Gemeinsame Verteilungsfunktion

$F(x,y) = P(X \leq x, Y \leq y)$

$= \int_{-\infty}^{x}\int_{-\infty}^{y} f(u,v)\,du\,dv;\ (x,y) \in \mathbb{R}^2$

F ist die gemeinsame Verteilungsfunktion von (X,Y)

Eigenschaften von F

F ist in x und y jeweils monoton wachsend

F ist stetig

$\lim_{x \to -\infty} F(x,y) = F(-\infty, y) = 0;\quad \lim_{y \to -\infty} F(x,y) = F(x,-\infty) = 0$ für alle $x, y \in \mathbb{R}$

$\lim_{\substack{x \to \infty \\ y \to \infty}} F(x,y) = F(\infty,\infty) = 1$

$\left.\frac{\partial^2 F(x,y)}{\partial x\,\partial y}\right|_{(x,y)=(x_0,y_0)} = f(x_0, y_0)$, falls (x_0, y_0) Stetigkeitsstelle von f ist;

$P(a_1 \leq X \leq b_1, a_2 \leq Y \leq b_2)$

$= F(b_1, b_2) - F(a_1, b_2) - F(b_1, a_2) + F(a_1, a_2)$ für $a_1 < b_1;\ a_2 < b_2$

Randverteilungen

$F_1(x) = P(X \leq x) = \lim\limits_{y\to\infty} F(x,y) = F(x,\infty)$	Verteilungsfunktion von X
$= \int\limits_{-\infty}^{x} \int\limits_{-\infty}^{+\infty} f(u,v)\,du\,dv$	
$F_2(y) = P(Y \leq y) = \lim\limits_{x\to\infty} F(x,y) = F(\infty,y)$	Verteilungsfunktion von Y
$= \int\limits_{-\infty}^{+\infty} \int\limits_{-\infty}^{y} f(u,v)\,du\,dv$	
$f_1(x) = \int\limits_{-\infty}^{+\infty} f(x,y)\,dy$	Dichte (Randdichte) von X
$f_2(y) = \int\limits_{-\infty}^{+\infty} f(x,y)\,dx$	Dichte (Randdichte) von Y
$\mu_X = E(X) = \int\limits_{-\infty}^{+\infty} x \cdot f_1(x)\,dx$	Erwartungswert von X
$\sigma_X^2 = Var(X) = \int\limits_{-\infty}^{+\infty} (x-\mu_X)^2 \cdot f_1(x)\,dx$	Varianz von X
$\mu_Y = E(Y) = \int\limits_{-\infty}^{+\infty} y \cdot f_2(y)\,dy$	Erwartungswert von Y
$\sigma_Y^2 = Var(Y) = \int\limits_{-\infty}^{+\infty} (y-\mu_Y)^2 \cdot f_2(y)\,dy$	Varianz von Y

3.5.2. Unabhängige stetige Zufallsvariablen

$F(x,y) = P(X \leq x) \cdot P(Y \leq y)$ $\Leftrightarrow$ X und Y sind unabhängig

$= F_1(x) \cdot F_2(y)$ für alle $(x,y) \in \mathbb{R}^2$

$\Leftrightarrow f(x,y) = f_1(x) \cdot f_2(y)$ an allen Stetigkeitsstellen von f

X, Y unabhängig $\Rightarrow E(X \cdot Y) = E(X) \cdot E(Y)$

$\Rightarrow Var(X+Y) = Var(X) + Var(Y)$ (s. S. 68)

3.5.3. Bedingte Verteilungen und bedingte Erwartungswerte

$F(y \mid X=x) = \lim\limits_{\Delta x\to 0} P(Y \leq y \mid x \leq X \leq x+\Delta x)$ $= \frac{\int\limits_{-\infty}^{y} f(x,v)\,dv}{f_1(x)} = \int\limits_{-\infty}^{y} \frac{f(x,v)}{f_1(x)}\,dv$	bedingte Verteilungsfunktion von Y unter der Bedingung (X = x), x fest $y \in \mathbb{R}$ (variabel)
$f(y \mid x) = \frac{f(x,y)}{f_1(x)}$	bedingte Dichte von Y unter der Bedingung (X = x)

$$F(x \mid Y=y) = \int_{-\infty}^{x} \frac{f(u,y)}{f_2(y)} du, \; x \in \mathbb{R}$$ bedingte Verteilungsfunktion von X unter der Bedingung $(Y = y)$, y fest

$$f(x \mid y) = \frac{f(x,y)}{f_2(y)}, \; x \in \mathbb{R}$$ bedingte Dichte von X unter der Bedingung $(Y = y)$, y fest

Eigenschaften

$$F_1(x) = P(X \leq x) = \int_{-\infty}^{+\infty} F(x \mid Y=y) \cdot f_2(y)\, dy$$

$$F_2(y) = P(Y \leq y) = \int_{-\infty}^{+\infty} F(y \mid X=x) \cdot f_1(x)\, dx$$

$$E(Y \mid X=x) = \int_{-\infty}^{+\infty} y \cdot f(y \mid x)\, dy = \frac{1}{f_1(x)} \int_{-\infty}^{+\infty} y \cdot f(x,y)\, dy$$ bedingter Erwartungswert von Y unter der Bedingung $(X = x)$, x fest

$$E(X \mid Y=y) = \int_{-\infty}^{+\infty} x \cdot f(x \mid y)\, dx = \frac{1}{f_2(y)} \int_{-\infty}^{+\infty} x \cdot f(x,y)\, dx$$ bedingter Erwartungswert von X unter der Bedingung $(Y = y)$, y fest

Eigenschaften

$$E(Y) = \int_{-\infty}^{+\infty} E(Y \mid X=x) \cdot f_1(x)\, dx; \quad E(X) = \int_{-\infty}^{+\infty} E(X \mid Y=y) \cdot f_2(y)\, dy$$

Falls X und Y unabhängig sind, gilt für alle x und y

$$F(y \mid X=x) = F_2(y); \quad E(Y \mid X=x) = E(Y)$$

$$F(x \mid Y=y) = F_1(x); \quad E(X \mid Y=y) = E(X)$$

Im Falle $f_1(x) = 0$ bzw. $f_2(y) = 0$ setzt $f(y \mid x) = 0$ bzw. $f(x \mid y) = 0$.

3.5.4. Kenngrößen einer zweidimensionalen stetigen Zufallsvariablen

Funktionssatz

Die zweidimensionale stetige Zufallsvariable (X, Y) besitze die Dichte $f(x, y)$. Es sei $z = g(x, y)$ eine Funktion, so dass $Z = g(X, Y)$ eine (eindimensionale) Zufallvariable ist. Dann besitzt Z den Erwartungswert

$$E(Z) = E(g(X, Y)) = \int_{-\infty}^{+\infty} \int_{-\infty}^{+\infty} g(x, y) \cdot f(x, y)\, dx\, dy,$$

falls $\int_{-\infty}^{+\infty} \int_{-\infty}^{+\infty} |g(x, y)| \cdot f(x, y)\, dx\, dy < \infty$ (absolute Konvergenz).

Kovarianz

$$\mathrm{Cov}(X, Y) = \sigma_{XY} = E\big([X - E(X)] \cdot [Y - E(Y)]\big) = E(X \cdot Y) - E(X) \cdot E(Y)$$

$$= \int_{-\infty}^{+\infty}\int_{-\infty}^{+\infty} (x - \mu_X)(y - \mu_Y) f(x, y)\, dx\, dy$$

$$= \int_{-\infty}^{+\infty}\int_{-\infty}^{+\infty} x\, y\, f(x, y)\, dx\, dy - \mu_X \mu_Y$$

ist die Kovarianz von X und Y.

$\mathrm{Cov}(a_1 + b_1 X, a_2 + b_2 Y) = b_1 \cdot b_2 \cdot \mathrm{Cov}(X, Y)$ für $a_1, a_2, b_1, b_2 \in \mathbb{R}$

$\mathrm{Cov}(X_1 + X_2, Y) = \mathrm{Cov}(X_1, Y) + \mathrm{Cov}(X_2, Y)$

$\mathrm{Cov}(X, Y_1 + Y_2) = \mathrm{Cov}(X, Y_1) + \mathrm{Cov}(X, Y_2)$

Korrelationskoeffizient

$$\rho = \rho(X, Y) = \frac{\mathrm{Cov}(X, Y)}{\sqrt{\mathrm{Var}(X)} \cdot \sqrt{\mathrm{Var}(Y)}} = \frac{\sigma_{XY}}{\sigma_X \cdot \sigma_Y} \quad \text{für } \sigma_X, \sigma_Y > 0$$

ist der Korrelationskoeffizient zwischen X und Y.

$\rho = 0$ X und Y sind **unkorreliert**

X, Y unabhhängig $\Rightarrow$ X und Y sind unorreliert

Eigenschaften des Korrelationskoeffizienten

$$\rho(a_1 + b_1 X, a_2 + b_2 Y) = \frac{b_1 \cdot b_2}{|b_1 \cdot b_2|} \cdot \rho(X, Y) = \pm \rho(X, Y)$$

für $a_1, b_1, a_2, b_2 \in \mathbb{R}$, $b_1, b_2 \neq 0$; $+$ für $b_1 \cdot b_2 > 0$; $-$ für $b_1 \cdot b_2 < 0$;

ρ ist unabhängig vom Maßstab

$-1 \leq \rho \leq 1$, d.h. $\rho^2 \leq 1$; $|\rho| \leq 1$.

Je größer $|\rho|$ ist, umso mehr ist die Wahrscheinlichkeitsmasse der gemeinsamen Verteilung von (X, Y) in der Nähe einer Geraden konzentriert. $|\rho| = 1$ ist genau dann erfüllt, wenn zwischen den Zufallsvariablen X und Y mit Wahrscheinlichkeit 1 eine lineare Beziehung besteht, d.h. $Y = a + bX$ mit

$$P(\{\omega \mid Y(\omega) = a + b X(\omega)\}) = 1.$$

Für $\rho = 1$ ist die "Steigung" b positiv, für $\rho = -1$ negativ.
Die gemeinsame Verteilung der beiden Zufallsvariablen ist für $|\rho| = 1$ auf der Geraden $a + bx$ **entartet** mit $\rho = 1$ für $b > 0$ und $\rho = -1$ für $b < 0$. Obwohl X und Y stetig sind, ist (X, Y) keine stetige zweidimensionale Zufallsvariable, sondern entartet mit $Y = a + bX$ für $b \neq 0$.

Varianz einer Summe

$$\mathrm{Var}(X+Y) = \mathrm{Var}(X) + \mathrm{Var}(Y) + 2\,\mathrm{Cov}(X,Y)$$

$$\mathrm{Var}(X-Y) = \mathrm{Var}(X) + \mathrm{Var}(Y) - 2\,\mathrm{Cov}(X,Y)$$

X, Y unkorreliert (unabhängig) $\Rightarrow$ $\mathrm{Var}(X+Y) = \mathrm{Var}(X) + \mathrm{Var}(Y)$

$\mathrm{Var}(X-Y) = \mathrm{Var}(X) + \mathrm{Var}(Y)$

$$\mathrm{Var}\Big(\sum_{i=1}^{n} X_i\Big) = \sum_{i=1}^{n} \mathrm{Var}(X_i) + 2\sum_{j<k} \mathrm{Cov}(X_j, X_k)$$

$\mathrm{Var}\Big(\sum_{i=1}^{n} X_i\Big) = \sum_{i=1}^{n} \mathrm{Var}(X_i)$ falls die Zufallsvariablen $X_1, X_2, \ldots, X_n$ paarweise unkorreliert (unabhängig) sind

3.5.5. Zweidimensionale Normalverteilung

Gemeinsame Dichte von (X, Y)

$$f(x,y) = \frac{1}{2\pi\sigma_X\sigma_Y\sqrt{1-\rho^2}} \cdot e^{-\frac{1}{2(1-\rho^2)}\cdot\left(\frac{(x-\mu_X)^2}{\sigma_X^2} - 2\rho\frac{x-\mu_X}{\sigma_X}\cdot\frac{y-\mu_Y}{\sigma_Y} + \frac{(y-\mu_Y)^2}{\sigma_Y^2}\right)}$$

$\rho = \rho(X,Y)$ mit $-1 < \rho < 1$ Korrelationskoeffizient

$\rho = 0 \Rightarrow$

$$f(x,y) = \frac{1}{\sqrt{2\pi}\cdot\sigma_X}\cdot e^{-\frac{(x-\mu_X)^2}{2\sigma_X^2}} \cdot \frac{1}{\sqrt{2\pi}\cdot\sigma_Y}\cdot e^{-\frac{(y-\mu_Y)^2}{2\sigma_Y^2}} = f_1(x)\cdot f_2(y)$$

(X, Y unabhängig). X und Y unabhängig $\Leftrightarrow$ X und Y unkorreliert. Bei Normalverteilungen sind die Begriffe unkorreliert und unabhängig gleichwertig.

Randverteilungen

X ist $N(\mu_X; \sigma_X^2)$-verteilt; Y ist $N(\mu_Y; \sigma_Y^2)$-verteilt.

Bedingte Dichten

$$f(y\,|\,x) = \frac{1}{\sqrt{2\pi}\,\sigma_Y\sqrt{1-\rho^2}} \cdot e^{-\frac{1}{2\sigma_Y^2(1-\rho^2)}\cdot\left[(y-\mu_Y) - \rho\frac{\sigma_Y}{\sigma_X}(x-\mu_X)\right]^2}$$

$$f(x\,|\,y) = \frac{1}{\sqrt{2\pi}\,\sigma_X\sqrt{1-\rho^2}} \cdot e^{-\frac{1}{2\sigma_X^2(1-\rho^2)}\cdot\left[(x-\mu_X) - \rho\frac{\sigma_X}{\sigma_Y}(y-\mu_Y)\right]^2}$$

Bedingte Erwartungswerte

$$E(Y\,|\,X=x) = \mu_Y + \rho\frac{\sigma_Y}{\sigma_X}(x-\mu_X); \quad E(X\,|\,Y=y) = \mu_X + \rho\frac{\sigma_X}{\sigma_Y}(y-\mu_Y)$$

3.5.6. Summe zweier stetiger Zufallsvariabler

Dichte der Summe zweier stetiger Zufallsvariabler

(X, Y) besitze die gemeinsame Dichte f(x, y). Dann besitzt die Summe $Z = X + Y$ die Dichte

$$h(z) = \int_{-\infty}^{+\infty} f(x, z-x)\,dx = \int_{-\infty}^{+\infty} f(z-y, y)\,dy.$$

Bei unabhängigen stetigen Zufallsvariablen X und Y mit den Dichten f(x) und g(y) lautet die Dichte der Summe $Z = X + Y$

$$h(z) = f{*}g\,(z) = \int_{-\infty}^{+\infty} f(x)\cdot g(z-x)\,dx = \int_{-\infty}^{+\infty} f(z-y)\cdot g(y)\,dy;$$

$f{*}g = g{*}f$ ist die Faltung von f und g.

Summen unabhängiger in [0;1] gleichmäßig verteilter Zufallsvariabler

Die Zufallsvariablen $X_1, X_2, \ldots, X_n$ seien unabhängig und alle gleichmäßig in [0;1] verteilt mit den Dichten

$$f_i(x) = \begin{cases} 1 & \text{für } 0 \le x \le 1 \\ 0 & \text{sonst} \end{cases} \qquad \text{für } i = 1, 2, \ldots, n$$

und

$$E(X_i) = \frac{1}{2}; \quad Var(X_i) = \frac{1}{12} \quad \text{für } i = 1, 2, \ldots, n.$$

$Z_2 = X_1 + X_2$ besitzt die Dichte

$$h_2(z) = f_1{*}f_2(z) = \begin{cases} z & \text{für } 0 \le z \le 1 \\ 2-z & \text{für } 1 \le z \le 2 \\ 0 & \text{sonst} \end{cases}$$

(Dichte der Dreiecksverteilung in [0;2])

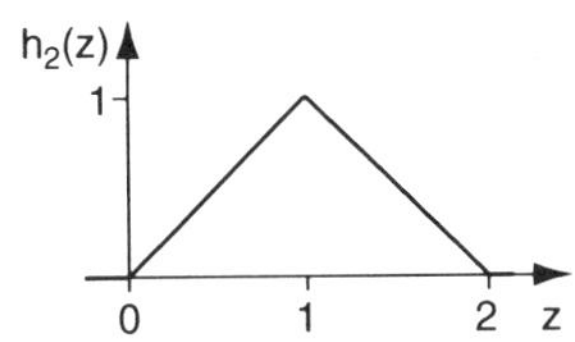

Dichte der Dreiecksverteilung

$Z_3 = X_1 + X_2 + X_3$ besitzt die Dichte

$$h_3(z) = h_2{*}f_3(z) = \begin{cases} \frac{z^2}{2} & \text{für } 0 \le z \le 1 \\ -z^2 + 3z - \frac{3}{2} & \text{für } 1 \le z \le 2 \\ \frac{z^2}{2} - 3z + \frac{9}{2} & \text{für } 2 \le z \le 3 \\ 0 & \text{sonst} \end{cases}$$

Die Dichte von $Z_n = X_1 + X_2 + \ldots + X_n$ lautet

$$h_n(z) = \frac{1}{(n-1)!}\sum_{i=0}^{k-1}(-1)^i\binom{n}{i}(z-i)^{n-1};\ k-1 \le z \le k;\ k = 1, 2, \ldots, n;$$

$h_n(z) = 0$ für $z \notin [0; n]$.

3.6. Mehrdimensionale Zufallsvariable (zufälliger Vektor)

Die n Zufallsvariablen $X_1, X_2, \dots, X_n$ seien auf der gleichen Ergebnismenge Ω definiert. Dann ist $(X_1, X_2, \dots, X_n)$ eine n-dimensionale Zufallsvariable oder ein zufälliger Vektor.

3.6.1. Gemeinsame Verteilungsfunktion

$$F(x_1, x_2, \dots, x_n) = P(X_1 \le x_1, X_2 \le x_2, \dots, X_n \le x_n)$$
$$= P\Big(\bigcap_{i=1}^{n} \{\omega \mid X_i(\omega) \le x_i\}\Big) \text{ für alle } (x_1, x_2, \dots, x_n) \in \mathbb{R}^n$$

F gemeinsame Verteilungsfunktion

Eigenschaften

$F(x_1, x_2, \dots, x_n)$ ist in jeder Variablen x_i monoton wachsend

$F(x_1, x_2, \dots, x_n)$ ist in jeder Variablen x_i rechtsseitig stetig

$$\lim_{x_i \to -\infty} F(x_1, x_2, \dots, x_n) = 0 \quad \text{für jedes } i = 1, 2, \dots, n$$

$$\lim_{x_i \to \infty,\, i = 1, \dots, n} F(x_1, x_2, \dots, x_n) = F(\infty, \infty, \dots, \infty) = 1.$$

$$\Delta_h^{(i)} F(x_1, \dots, x_n) = F(x_1, \dots, x_{i-1}, x_i + h, x_{i+1}, \dots, x_n) - F(x_1, x_2, \dots, x_n)$$

ergibt für alle $(x_1, x_2, \dots, x_n) \in \mathbb{R}^n$ und für beliebige $h_i > 0$ die Bedingung für eine Verteilungsfunktion F

$$P(x_1 < X_1 \le x_1 + h_1, x_2 < X_2 \le x_2 + h_2, \dots, x_n < X_n \le x_n + h_n)$$
$$= \Delta_{h_1}^{(1)} \Delta_{h_2}^{(2)} \dots \Delta_{h_n}^{(n)} F(x_1, x_2, \dots, x_n) \ge 0.$$

Randverteilungsfunktionen

$$F_i(x_i) = P(X_i \le x_i) = \lim_{\substack{x_k \to \infty \\ k = 1, \dots, n;\, k \ne i}} F(x_1, x_2, \dots x_{i-1}, x_i, x_{i+1}, \dots, x_n)$$
$$= F(\infty, \dots, \infty, x_i, \infty, \dots, \infty) \quad \text{für } i = 1, 2, \dots, n.$$

3.6.2. Unabhängigkeit

$F(x_1, x_2, \dots, x_n) = F_1(x_1) \cdot F_2(x_2) \cdot \ldots \cdot F_n(x_n)$

für alle $(x_1, x_2, \dots, x_n) \in \mathbb{R}^n$ $\Leftrightarrow$ $X_1, X_2, \dots, X_n$ sind unabhängig.

Für unabhängige Zufallsvariablen gilt

$$E(X_1 \cdot X_2 \cdot \ldots \cdot X_n) = E(X_1) \cdot E(X_2) \cdot \ldots \cdot E(X_n);$$
$$\operatorname{Var}\Big(\sum_{i=1}^{n} X_i\Big) = \sum_{i=1}^{n} \operatorname{Var}(X_i)$$

3.6.3. Mehrdimensionale stetige Zufallsvariable (stetiger Zufallsvektor)

Gemeinsame Dichte

$f(x_1, x_2, \dots, x_n)$ mit $f(x_1, x_2, \dots, x_n) \geq 0$ für alle $(x_1, x_2, \dots, x_n) \in \mathbb{R}^n$

und $\int\limits_{-\infty}^{+\infty} \dots \int\limits_{-\infty}^{+\infty} f(x_1, x_2, \dots, x_n)\, dx_1\, dx_2 \dots dx_n = 1.$

$(X_1, X_2, \dots, X_n)$ ist stetig mit der Dichte $f(x_1, x_2, \dots, x_n)$ $\Leftrightarrow$

$$P((X_1, X_2, \dots, X_n) \in G) = (P(\{\omega \mid (X_1(\omega), X_2(\omega), \dots, X_n(\omega)) \in G\})$$

$$= \int \dots \int_G f(x_1, x_2, \dots, x_n)\, dx_1\, dx_2 \dots dx_n \quad \text{für jedes Gebiet } G \subset \mathbb{R}^n$$

Eigenschaften: für $a_i < b_i$, $i = 1, 2, \dots, n$ gilt

$$P(a_1 \leq X_1 \leq b_1, \dots, a_n \leq X_n \leq b_n) = \int\limits_{a_1}^{b_1} \dots \int\limits_{a_n}^{b_n} f(x_1, \dots, x_n)\, dx_1 \dots dx_n$$

Gemeinsame Verteilungsfunktion

$$F(x_1, x_2, \dots, x_n) = P(X_1 \leq x_1, X_2 \leq x_2, \dots, X_n \leq x_n)$$

$$= \int\limits_{-\infty}^{x_1} \dots \int\limits_{-\infty}^{x_n} f(u_1, \dots, u_n)\, du_1 \dots du_n \quad \text{für jedes } (x_1, x_2, \dots, x_n) \in \mathbb{R}^n$$

Randdichten Dichte von X_i

$$f_i(x_i) = \int\limits_{-\infty}^{+\infty} \dots \int\limits_{-\infty}^{+\infty} f(x_1, \dots, x_n)\, dx_1 \dots dx_{i-1}\, dx_{i+1} \dots dx_n\, ; \; i = 1, 2, \dots, n$$

$X_1, X_2, \dots, X_n$ unabhängig

$$\Leftrightarrow F(x_1, x_2, \dots, x_n) = P(X_1 \leq x_1) \cdot P(X_2 \leq x_2) \cdot \ldots \cdot P(X_n \leq x_n)$$

$$= F_1(x_1) \cdot F_2(x_2) \cdot \ldots \cdot F_n(x_n) \quad \text{für alle } (x_1, x_2, \dots, x_n) \in \mathbb{R}^n$$

$$\Leftrightarrow f(x_1, x_2, \dots, x_n) = f_1(x_1) \cdot f_2(x_2) \cdot \ldots \cdot f_n(x_n)$$

an jeder Stetigkeitsstelle $(x_1, x_2, \dots, x_n)$ von f.

Funktionssatz

Durch die Funktion $y = g(x_1, x_2, \dots, x_n)$ werde eine eindimensionale Zufallsvariable $Y = g(X_1, X_2, \dots, X_n)$ definiert. Y besitzt den Erwartungswert

$$E(Y) = \int\limits_{-\infty}^{+\infty} \dots \int\limits_{-\infty}^{+\infty} g(x_1, x_2, \dots, x_n) \cdot f(x_1, x_2, \dots, x_n)\, dx_1\, dx_2 \dots dx_n,$$

falls dieses Integral absolut konvergiert mit

$$\int\limits_{-\infty}^{+\infty} \dots \int\limits_{-\infty}^{+\infty} |g(x_1, x_2, \dots, x_n)| \cdot f(x_1, x_2, \dots, x_n)\, dx_1\, dx_2 \dots dx_n < \infty.$$

3.7. Ungleichungen bei Zufallsvariablen

Allgemeiner Abschätzungssatz

$g(z)$ sei auf $[0;\infty)$ definiert, nichtnegativ und monoton wachsend. X sei eine beliebige Zufallsvariable. Für die Zufallsvariable $g(|X|)$ existiere der Erwartungswert $E(g(|X|))$. Dann gilt

$$P(|X| \ge c) \le \frac{E(g(|X|))}{g(c)} \qquad \text{für jedes } c > 0 \text{ mit } g(c) > 0$$

Ungleichungen vom Tschebyschewschen Typ

Falls die nachfolgenden Kenngrößen existieren, gelten für jedes $c > 0$ die angegebenen Ungleichungen:

$$P(|X| \ge c) \le \frac{E(|X|^k)}{c^k} \quad \text{für } k > 0 \qquad \text{Markoffsche Ungleichung}$$

$$P(|X-\mu| \ge c) \le \frac{\mathrm{Var}(X)}{c^2} \qquad \text{Tschebyschewsche Ungleichung}$$

$$P(|X-\mu| < c) = 1 - P(|X-\mu| \ge c) \ge 1 - \frac{\mathrm{Var}(X)}{c^2}$$

$$P(|X-\mu| \ge k\sigma) \le \frac{1}{k^2} \quad \text{für } k > 1$$

$$P(|X-\mu| < k\sigma) = P(\mu - k\sigma < X < \mu + k\sigma) \ge 1 - \frac{1}{k^2} \quad \text{für } k > 1$$

k-Sigma-Regel

$P(\mu - 2\sigma < X < \mu + 2\sigma) \ge \frac{3}{4}$; (Zwei-Sigma-Regel)

$P(\mu - 3\sigma < X < \mu + 3\sigma) \ge \frac{8}{9}$; (Drei-Sigma-Regel)

$P(\mu - 4\sigma < X < \mu + 4\sigma) \ge \frac{15}{16}$; (Vier-Sigma-Regel)

$P(\mu - 5\sigma < X < \mu + 5\sigma) \ge \frac{24}{25}$. (Fünf-Sigma-Regel)

$$P(|X-\mu| \ge c) \le \frac{E(|X-\mu|^k)}{c^k} \quad \text{für } k > 0$$

Ungleichung vom Tschebyschewschen Typ

Ungleichungen von Cantelli

Falls die jeweiligen Kenngrößen existieren, gelten für jede beliebige Zufallsvariable X mit existierender Varianz σ^2 die Ungleichungen:

$$P(X - \mu \ge c) \le \frac{\sigma^2}{c^2 + \sigma^2} \qquad \text{für jedes } c > 0$$

$$P(X - \mu \le -c) \le \frac{\sigma^2}{c^2 + \sigma^2} \qquad \text{für jedes } c > 0$$

Jensensche Ungleichung

E(X) und E(g(X)) sollen existieren. Dann gilt

$E\left(g(X)\right) \geq g(E(X))$ falls g(x) konvex ist

$E\left(g(X)\right) \leq g(E(X))$ falls g(x) konkav ist.

Wenn g streng konvex oder streng konkav ist, gilt in der Jensenschen Ungleichung das Gleichheitszeichen $E(g(X)) = g(E(X))$ nur für deterministische Zufallsvariablen X mit $P(X = \mu) = 1$.

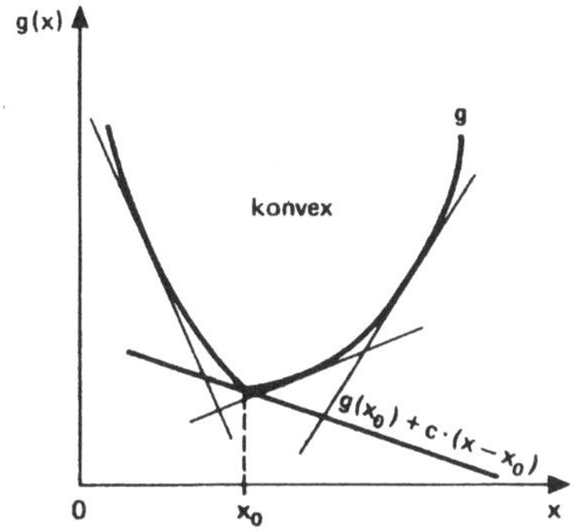

konvexe Funktion

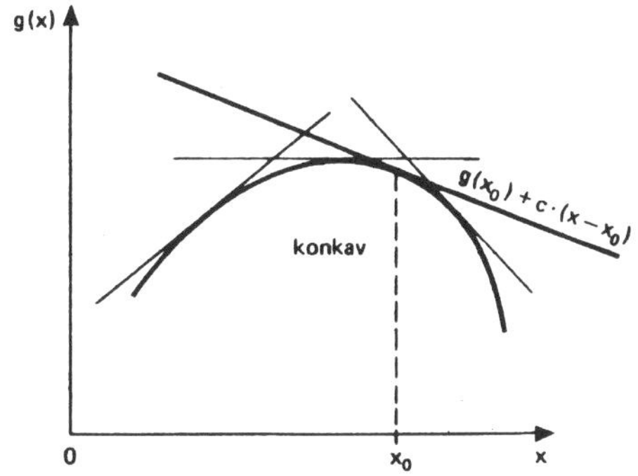

konkave Funktion

Anwendungen

1. $g(x) = \frac{1}{x}$ ist für $x > 0$ streng konvex

$$\Rightarrow \quad E\left(\frac{1}{X}\right) > \frac{1}{E(X)} \quad \text{für } P(X > 0) = 1.$$

2. $g(x) = \sqrt{x}$ ist für $x > 0$ streng konkav

$$\Rightarrow \quad E(|X - \mu|) = E\left(\sqrt{(X-\mu)^2}\right) \leq \sqrt{E\left((X-\mu)^2\right)} = \sqrt{\text{Var}(X)} = \sigma.$$

$E(|X - \mu|) = \sigma$ gilt nur für deterministische Zufallsvariablen

Cauchy-Schwarzsche Ungleichung

$|E(X \cdot Y)| \leq E(|X \cdot Y|) \leq \sqrt{E(X^2) \cdot E(Y^2)}$, falls $E(X^2)$ und $E(Y^2)$ existieren

3.8. Gesetze der großen Zahlen

3.8.1 Zentrale Grenzwertsätze

Grenzwertsatz von Lindeberg-Lévy

$X_1, X_2, \ldots$ sei eine Folge indentisch verteilter Zufallsvariabler mit dem Erwartungswert $\mu = E(X_k)$ und der Varianz $Var(X_k) = \sigma^2$ für $k = 1, 2, \ldots$. Für jedes n seien die Zufallsvariablen $X_1, X_2, \ldots, X_n$ unabhängig. Dann gilt für die Verteilungsfunktionen der standardisierten Summen

$$\lim_{n\to\infty} P\left(\frac{\sum_{k=1}^{n} X_k - n\mu}{\sqrt{n}\cdot\sigma} \le x\right) = \Phi(x) = \frac{1}{\sqrt{2\pi}}\cdot\int_{-\infty}^{x} e^{-\frac{u^2}{2}}du \quad \text{für jedes } x \in \mathbb{R}.$$

Für große n ist die Zufallsvariable $\frac{\sum_{k=1}^{n} X_k - n\mu}{\sqrt{n}\cdot\sigma}$ ungefähr standardnormalverteilt (Faustregel: $n \ge 30$)

$\Rightarrow \sum_{k=1}^{n} X_k$ ist näherungsweise normalverteilt mit dem Erwartungswert $n \cdot \mu$ und der Varianz $n \cdot \sigma^2$

$\Rightarrow \overline{X} = \frac{1}{n}\sum_{k=1}^{n} X_k$ ist näherungsweise normalverteilt mit dem Erwartungswert μ und der Varianz $\frac{\sigma^2}{n} \to 0$ für $n\to\infty$.

Grenzwertsatz von Ljapunow

Für jedes $n = 1, 2, \ldots$ seien die Zufallsvariablen $X_1, X_2, \ldots, X_n$ unabhängig und besitzen die Erwartungswerte $\mu_k = E(X_k)$, die Varianzen $Var(X_k) = \sigma_k^2$ sowie die dritten absoluten zentralen Momente

$\eta_k = E\left(|X_k - \mu_k|^3\right)$ für $k = 1, 2, \ldots, n$.

Mit

$$D_n = \sqrt{\sum_{k=1}^{n} \sigma_k^2}\,; \quad B_n = \sqrt[3]{\sum_{k=1}^{n} \eta_k}$$

gelte die Ljapunow-Bedingung

$$\lim_{n\to\infty} \frac{B_n}{D_n} = 0.$$

Dann gilt für die Verteilungsfunktionen der standardisierten Summen

$$\lim_{n\to\infty} P\left(\frac{\sum_{k=1}^{n} (X_k - \mu_k)}{D_n} \le x\right) = \Phi(x) = \frac{1}{\sqrt{2\pi}}\cdot\int_{-\infty}^{x} e^{-\frac{u^2}{2}}du \quad \text{für jedes } x \in \mathbb{R}.$$

Zentraler Grenzwertsatz von Lindeberg-Feller (allgemeinste Form)

Die Zufallsvariablen X_k besitzen die Erwartungswerte μ_k, die Varianzen σ_k und die Verteilungsfunktion $F_k(x)$ für $k = 1, 2, 3, \ldots$. Mit

$$D_n^2 = \sum_{k=1}^{n} \sigma_k^2$$

sei für jedes $\varepsilon > 0$ die Lindeberg-Bedingung erfüllt

$$\lim_{n\to\infty} \frac{1}{D_n^2} \sum_{k=1}^{n} P(\,|X_k - \mu_k| > \varepsilon \cdot D_n) = 0.$$

Für jedes n seien die Zufallsvariablen $X_1, X_2, \ldots, X_n$ unabhängig.

Dann gilt

$$\lim_{n\to\infty} P\left(\frac{\sum_{k=1}^{n} (X_k - \mu_k)}{D_n} \leq x \right) = \Phi(x) = \frac{1}{\sqrt{2\pi}} \cdot \int_{-\infty}^{x} e^{-\frac{u^2}{2}} du \quad \text{für jedes } x \in \mathbb{R}.$$

Falls alle unabhängigen Zufallsvariablen $X_1, X_2, \ldots, X_n$ identisch verteilt sind mit existierender Varianz (Lindeberg-Lévy-Bedingung), ist auch die Ljapunow-Bedingung erfüllt. Aus dieser folgt die Lindeberg-Bedingung.
Die Lindeberg-Bedingung besagt folgendes aus: Jeder der unabhängigen Summanden trägt zur Summe nur einen kleinen Anteil bei, d. h. keiner der Summanden darf dominierend sein. Daher sind viele Zufallsvariablen aus der Praxis wenigstens näherungsweise normalverteilt.

Logarithmische Normalverteilung als Grenzwert der Verteilungen von Produkten unabhängiger positiver Zufallsvariabler

Für jedes n seien die Zufallsvariablen $X_1, X_2, \ldots, X_n$ unabhängig und positiv, d. h. $P(X_i \leq 0) = 0$. Für die Produktvariable

$$Y_n = X_1 \cdot X_2 \cdot \ldots \cdot X_n$$

gilt dann $P(Y_n > 0) = 1$. Durch Logarithmieren geht das Produkt über in die Summe

$$\ln Y_n = \ln X_1 + \ln X_2 + \ldots + \ln X_n.$$

Mit den Zufallsvariablen X_i sind auch die logarithmierten Zufallsvariablen $\ln X_i$ unabhängig. Falls für diese logarithmierten Zufallsvariablen die Lindeberg-Bedingung erfüllt ist, kann auf sie der zentrale Grenzwertsatz angewandt werden. Dann ist für große n der Logarithmus des Produkts $Y_n = X_1 \cdot X_2 \cdot \ldots \cdot X_n$ näherungsweise normalverteilt, Y_n also näherungsweise logarithmisch normalverteilt (s. S. 59).
Falls eine Zufallsvariable aus vielen unabhängigen nichtdominierenden positiven Faktoren multiplikativ zusammengesetzt ist, ist diese Zufallsvariable näherungsweise logarithmisch normalverteilt.

3.8.2. Das schwache Gesetz der großen Zahlen

Spezielles schwaches Gesetz der großen Zahlen

Die Zufallsvariablen X_i, $i = 1, 2, \ldots$ seien paarweise unabhängig und besitzen alle den gleichen Erwartungswert μ und die gleiche Varianz σ^2. Dann gilt für jedes $\varepsilon > 0$

$$P(|\overline{X} - \mu| \geq \varepsilon) = P\left(\left| \frac{1}{n} \sum_{i=1}^{n} X_i - \mu \right| \geq \varepsilon \right) \leq \frac{\sigma^2}{n\varepsilon^2};$$

$$\lim_{n\to\infty} P\left(\left| \frac{1}{n} \sum_{i=1}^{n} X_i - \mu \right| \geq \varepsilon \right) = 0$$

stochastische Konvergenz (Konvergenz in Wahrscheinlichkeit).

$(x_1, x_2, \ldots, x_n)$ sei eine Zufallsstichprobe, wobei x_i Realisierung der unabhängigen Zufallsvariablen X_i ist mit $E(X_i) = \mu$, Var $(X_i) = \sigma^2$ für $i = 1, 2, \ldots, n$. Dann erhält man für große Stichprobenumfänge n in $\overline{x} \approx \mu$ im Allgemeinen recht gute Näherungswerte.

Allgemeines schwaches Gesetz der großen Zahlen

X_i, $i = 1, 2, \ldots$ seien paarweise unabhängig und besitzen die Erwartungswerte $E(X_i)$ und die Varianzen $\mathrm{Var}(X_i)$. Dabei gelte

$$\lim_{n\to\infty} \frac{1}{n} \sum_{i=1}^{n} E(X_i) = \mu; \qquad \lim_{n\to\infty} \frac{1}{n} \cdot \sqrt{\sum_{i=1}^{n} \mathrm{Var}(X_i)} = 0.$$

Dann gilt für jedes $\varepsilon > 0$

$$\lim_{n\to\infty} P\left(\left| \frac{1}{n} \sum_{i=1}^{n} X_i - \mu \right| \geq \varepsilon \right) = 0$$

stochastische Konvergenz.

Bernoullisches Gesetz der großen Zahlen

In einem Einzelexperiment besitze das Ereignis A die Wahrscheinlichkeit p. Das Experiment werde n-mal unabhängig durchgeführt. Dann gilt für die Zufallsvariable $R_n(A)$ der relativen Häufigkeit von A

$$E(R_n(A)) = p; \quad \mathrm{Var}(R_n(A)) = \frac{p(1-p)}{n} \leq \frac{1}{4n}$$

$$P\left(|R_n(A) - p| \geq \varepsilon \right) \leq \frac{p(1-p)}{n\varepsilon^2} \leq \frac{1}{4n\varepsilon^2}$$

$$\lim_{n\to\infty} P\left(|R_n(A) - p| \geq \varepsilon \right) = 0 \quad \text{für jedes } \varepsilon > 0$$

stochastische Konvergenz.

Damit erhält man in unabhängigen Versuchsserien vom Umfang n für große n mit der relativen Häufigkeit r_n des Ereignisses A durch $r_n \approx p$ im Allgemeinen recht gute Näherungswerte für eine unbekannte Wahrscheinlichkeit $p = P(A)$.

Der Vorschlag von Richard von Mises (s. S. 31), die Wahrscheinlichkeit als Grenzwert der relativen Häufigkeiten zu erklären, war gar nicht so abwegig. Er hatte nur den falschen Konvergenzbegriff benutzt. Die gewöhnliche Konvergenz muss durch die obige Konvergenz in Wahrscheinlichkeit ersetzt werden.

Schwaches Gesetz der großen Zahlen für die empirische Verteilungsfunktion

In der Stichprobe $(x_1, x_2, \ldots, x_n)$ seien die Werte x_i unabhängige Realisierungen der gleichen Zufallsvariablen X mit der Verteilungsfunktion $F(x) = P(X \leq x)$. Für jedes $x \in \mathbb{R}$ stellt der Wert der empirischen Verteilungsfunktion

$$F_n(x) = \frac{\text{Anzahl der Stichprobenwerte } x_i \text{ mit } x_i \leq x}{n} = \frac{H_n(x)}{n}$$

den relativen Anteil derjenigen Stichprobenwerte dar, die kleiner oder gleich x sind, also eine relative Häufigkeit. Der Funktionswert $F_n(x)$ hängt vom Zufall ab und ist Realisierung einer Zufallsvariablen $Y_n(x)$. Die absolute Häufigkeit $H_n(x)$ ist Realisierung einer Zufallsvariablen, die binomialverteilt ist mit den Parametern n und $p = F(x)$. Damit gilt

$$P\left(Y_n(x) = \tfrac{k}{n}\right) = \binom{n}{k} \cdot [F(x)]^k \cdot [1 - F(x)]^{n-k} \quad \text{für } k = 0, 1, \ldots, n.$$

$$E(Y_n(x)) = F(x); \; \operatorname{Var}(Y_n(x)) = \frac{F(x) \cdot [1 - F(x)]}{n} \leq \frac{1}{4n} \to 0 \quad \text{für } n \to \infty.$$

Aus dem Bernoullischen Gesetz der großen Zahlen (S. 76) erhält man unmittelbar

$$P\left(|Y_n(x) - F(x)| \geq \varepsilon\right) \leq \frac{1}{4n\varepsilon^2} \qquad \text{für jedes } \varepsilon > 0 \text{ und jedes } x \in \mathbb{R};$$

$$\lim_{n \to \infty} P\left(|Y_n(x) - F(x)| \geq \varepsilon\right) = 0 \qquad \text{stochastische Konvergenz.}$$

Daher erhält man an jeder Stelle $x \in \mathbb{R}$ durch

$$F_n(x) \approx F(x) = P(X \leq x)$$

mit der empirischen Verteilungsfunktion $F_n(x)$ für große n im Allgemeinen recht gute Schätzwerte für eine unbekannte Verteilungsfunktion $F(x)$ an der Stelle x.

3.8.3. Das starke Gesetz der großen Zahlen

Fast sichere Konvergenz

$$P\left(\{\omega \in \Omega \mid \lim_{n\to\infty} X_n(\omega) = X(\omega)\}\right) = 1 \qquad X_n, n = 1, 2, \ldots \text{ konvergiert fast sicher (fast überall) gegen } X$$

$$\Leftrightarrow \lim_{n\to\infty} P\left(\{\omega \in \Omega \mid \sup_{m \geq n} |X_m(\omega) - X(\omega)| \geq \varepsilon\}\right) = 0 \text{ für jedes } \varepsilon > 0.$$

Das starke Gesetz der großen Zahlen für den Erwartungswert

Für jedes n seien $X_1, X_2, \ldots, X_n$ unabhängig und besitzen die gleiche Verteilung, also auch den gleichen Erwartungswert $E(X_k) = \mu$.

Dann konvergiert die Folge $\overline{X} = \frac{1}{n}\sum_{i=1}^{n} X_i$ für $n = 1, 2, \ldots$ fast sicher gegen μ, es gilt also

$$P\left(\lim_{n\to\infty} \frac{1}{n}\sum_{i=1}^{n} X_i = \mu\right) = P\left(\left\{\omega \in \Omega \mid \lim_{n\to\infty} \frac{1}{n}\sum_{i=1}^{n} X_i(\omega) = \mu\right\}\right) = 1$$

$$\Leftrightarrow \lim_{n\to\infty} P\left(\sup_{m \geq n} \left|\frac{1}{m}\sum_{k=1}^{m} X_k - \mu\right| \geq \varepsilon\right) = 0 \quad \text{für jedes } \varepsilon > 0$$

(fast sichere Konvergenz)

Aus einer Stichprobe kann mit Wahrscheinlichkeit 1 (fast sicher) der unbekannte Erwartungswert μ einer Zufallsvariablen X beliebig genau geschätzt werden, wenn der Stichprobenumfang n groß genug ist.

Das starke Gesetz der großen Zahlen für eine Wahrscheinlichkeit

Das Ereignis A besitze die Wahrscheinlichkeit p. In einer unabhängigen Versuchsserie vom Umfang n sei $R_n(A)$ die Zufallsvariable der relativen Häufigkeit des Ereignisses A. Dann konvergiert die Folge der Zufallsvariablen $R_n(A)$ fast sicher gegen p, d. h. für jedes $\varepsilon > 0$ gilt

$$P\left(\lim_{n\to\infty} R_n(A) = p\right) = 1 - \lim_{n\to\infty} P\left(\sup_{m \geq n} |R_m(A) - p| \geq \varepsilon\right) = 1$$

für jedes $\varepsilon > 0$ (fast sichere Konvergenz)

Eine unbekannte Wahrscheinlichkeit $p = P(A)$ kann mit Wahrscheinlichkeit 1 durch die relative Häufigkeit von A in einer genügend großen unabhängigen Versuchsserie beliebig genau geschätzt werden.

Satz von Gliwenko-Cantelli - Hauptsatz der mathematischen Statistik

Die Werte der Stichprobe $(x_1, x_2, \ldots, x_n)$ seien unabhängige Realisierungen der Zufallsvariablen X, welche die Verteilungsfunktion F(x) besitzt. Die empirische Verteilungsfunktion $F_n(x)$ ist Realisierung der Zufallsvariablen $Y_n(x)$. Dann gilt

$$P\left(\lim_{n\to\infty} \sup_{-\infty < x < \infty} |Y_n(x) - F(x)| = 0\right) = 1;$$

$$\lim_{N\to\infty} P\left(\sup_{n \geq N} \sup_{-\infty < x < \infty} |Y_n(x) - F(x)| \geq \varepsilon\right) = 0 \quad \text{für jedes } \varepsilon > 0$$

4. Beurteilende Statistik

4.1. Zufallsstichproben und Stichprobenfunktionen

$x = (x_1, x_2, \ldots, x_n)$ x_i ist Realisierung der Zufallsvariablen X_i für $i = 1, 2, \ldots, n$	x ist Zufallsstichprobe
$X_1, X_2, \ldots, X_n$ unabhängig	x heißt unabhängige Stichprobe
X_i unabhängig und identisch verteilt; X_i Wiederholungen von X	x heißt einfache Stichprobe
$t_n = g_n(x_1, x_2, \ldots, x_n)$; $(x_1, \ldots, x_n)$ unabhängige Stichprobe; t_n ist Realisierung der Zufallsvariablen	Funktion der n Stichprobenwerte
$T_n = g_n(X_1, X_2, \ldots, X_n)$	T_n heißt Stichprobenfunktion oder Statistik

$\bar{x} = \frac{1}{n}\sum_{i=1}^{n} x_i$ ist Realisierung von $\bar{X} = \frac{1}{n}\sum_{i=1}^{n} X_i$;

$s^2 = \frac{1}{n-1}\sum_{i=1}^{n}(x_i - \bar{x})^2$ ist Realisierung von $S^2 = \frac{1}{n-1}\sum_{i=1}^{n}(X_i - \bar{X})^2$.

Falls die X_i unabhängig sind mit $E(X_i) = \mu$; $Var(X_i) = \sigma^2$ gilt

$E(\bar{X}) = \mu$; $Var(\bar{X}) = \frac{\sigma^2}{n} \to 0$ für $n \to \infty$

$E(S^2) = \sigma^2$; $Var(S^2) = \frac{1}{n}\left(\eta_4 - \frac{n-3}{n-1}\cdot\sigma^4\right)$ mit $\eta_4 = E\left((X-\mu)^4\right)$;

$r_n(A)$ (relative Häufigkeit) ist Realisierung von $R_n(A)$ mit

$E(R_n(A)) = p$; $Var(R_n(A)) = \frac{p(1-p)}{n}$ in unabhängigen Versuchsserien.

4.2. Parameterschätzungen (Punktschätzungen)

Die Verteilungsfunktion einer Zufallsvariablen X hänge von einem unbekannten Parameter ϑ ab. Für den unbekannten Parameter soll aus einer Schätzfunktion (Stichprobenfunktion) ein Schätzwert $\hat{\vartheta}$ (Näherungswert) bestimmt werden. Der Parameter kann auch eine Kenngröße sein, z. B. ein Erwartungswert, eine Varianz oder eine Wahrscheinlichkeit.

4.2.1. Eigenschaften von Schätzfunktionen

$E(T_n) = \vartheta$	T_n erwartungstreu (unverfälscht) für ϑ
$\lim\limits_{n\to\infty} E(T_n) = \vartheta$	T_n asymptotisch erwartungstreu für ϑ
$E\Big((T_n - \vartheta)^2\Big)$ $= \operatorname{Var}(T_n) + [E(T_n) - \vartheta]^2$	mittlerer quadratischer Fehler oder mean squared error (MSE)
$E(T_n) - \vartheta$	Verzerrung oder Bias von T_n
$\lim\limits_{n\to\infty} P\Big(\lvert T_n - \vartheta \rvert \geq \varepsilon\Big) = 0$ für jedes $\varepsilon > 0$	T_n ist konsistent für ϑ
T_n^* erwartungstreu mit $\operatorname{Var}(T_n^*) \leq \operatorname{Var}(T_n)$ für jede erwartungstreue Schätzf. T_n	T_n^* ist wirksamste oder effiziente Schätzfunktion
$W(T_n) = \dfrac{\operatorname{Var}(T_n^*)}{\operatorname{Var}(T_n)}$	Wirksamkeit oder Effizienz der Schätzfunktion T_n (T_n^* sei effizient)
$0 \leq W(T_n) \leq 1$	für jede erwartungstreue Schätzfunktion
$\lim\limits_{n\to\infty} \dfrac{\operatorname{Var}(T_n^*)}{\operatorname{Var}(T_n)} = 1$	T_n, $n = 1, 2, \ldots$ ist eine Folge asymptotisch wirksamster Schätzfunktionen

4.2.2. Die Ungleichung von Rao-Cramér

Die Ungleichung von Rao-Cramér im stetigen Fall

Die Zufallsvariablen $X_1, X_2, \ldots, X_n$ der Stichprobenwerte $x_1, x_2, \ldots, x_n$ seien unabhängig und besitzen im stetigen Fall alle die gleiche Dichte $f(x, \vartheta)$. Ferner sei $T_n = g_n(X_1, X_2, \ldots, X_n)$ eine für ϑ erwartungstreue Schätzfunktion mit $E(T_n) = \vartheta$.

Regularitätsbedingungen: Die beiden Gleichungen

$$\vartheta = E(T_n)$$

$$= \int_{-\infty}^{+\infty} \cdots \int_{-\infty}^{+\infty} g_n(x_1, \ldots, x_n) \cdot f(x_1, \vartheta) \cdot \ldots \cdot f(x_n, \vartheta)\, dx_1 \ldots dx_n$$

und

$$1 = \int_{-\infty}^{+\infty} \cdots \int_{-\infty}^{+\infty} f(x_1, \vartheta) \cdot \ldots \cdot f(x_n, \vartheta)\, dx_1 \ldots dx_n = \Big(\int_{-\infty}^{+\infty} f(x, \vartheta)\, dx \Big)^n$$

seien nach ϑ differenzierbar und die Integration sei mit der Differenziation vertauschbar.

Dann gilt für die Varianz dieser regulären Schätzfunktion

$$\operatorname{Var}(T_n) \geq \frac{1}{n \cdot \int\limits_{-\infty}^{+\infty} \left(\frac{\partial \ln f(x;\vartheta)}{\partial \vartheta} \right)^2 \cdot f(x;\vartheta)\, dx}.$$

Die rechte Seite gibt die minimale Varianz einer regulären erwartungstreuen Schätzfunktion an. Falls diese Varianz von einer regulären Schätzfunktion angenommen wird, ist diese Schätzfunktion wirksamst, also diejenige erwartungstreue Schätzfunktion mit der kleinsten Varianz unter den regulären Schätzfunktionen.

$$I(\vartheta) = \int\limits_{-\infty}^{+\infty} \left(\frac{\partial \ln f(x;\vartheta)}{\partial \vartheta} \right)^2 \cdot f(x;\vartheta)\, dx$$ heißt Fisher-Information.

Die Ungleichung von Rao-Cramér im diskreten Fall

Die unabhängigen Zufallsvariablen $X_1, X_2, \ldots, X_n$ sollen alle die gleiche Verteilung $P(X = x_k, \vartheta) = p(x_k, \vartheta)$ für $k = 1, 2, \ldots$ besitzen. Ferner sei $T_n = g_n(X_1, X_2, \ldots, X_n)$ eine für ϑ erwartungstreue Schätzfunktion mit $E(T_n) = \vartheta$.

Regularitätsbedingungen: Die beiden Gleichungen

$$\vartheta = \sum_{k_1, k_2, \ldots, k_n} g_n(x_{k_1}, x_{k_2}, \ldots, x_{k_n}) \cdot p(x_{k_1}, \vartheta) \cdot p(x_{k_2}, \vartheta) \cdot \ldots \cdot p(x_{k_n}, \vartheta)$$

und

$$1 = \sum_{k_1, k_2, \ldots, k_n} p(x_{k_1}, \vartheta) \cdot p(x_{k_2}, \vartheta) \cdot \ldots \cdot p(x_{k_n}, \vartheta) = \Big(\sum_k p(x_k, \vartheta) \Big)^n$$

seien nach ϑ differenzierbar und die Summation sei mit der Differenziation vertauschbar.
Dann gilt für die Varianz dieser regulären Schätzfunktion

$$\operatorname{Var}(T_n) \geq \frac{1}{n \sum\limits_k \left(\frac{\partial \ln P(X = x_k;\vartheta)}{\partial \vartheta} \right)^2 \cdot P(X = x_k;\vartheta)}$$

$$I(\vartheta) = \sum_k \left(\frac{\partial \ln P(X = x_k;\vartheta)}{\partial \vartheta} \right)^2 \cdot P(X = x_k;\vartheta)$$ heißt Fisher-Information.

Falls für eine reguläre Schätzfunktion die Varianz den auf der rechten Seite der Ungleichung von Rao-Cramér stehenden kleinsten Wert annimmt, ist das Schätzproblem gelöst. Dann gibt es keine andere reguläre Schätzfunktion mit einer kleineren Varianz.

4.2.3. Maximum-Likelihood-Schätzung

Likelihood-Funktion einer diskreten Verteilung

Von einer diskreten Zufallsvariablen Y sei der Wertevorrat $\{y_1, y_2, \ldots\}$ bekannt mit

$$P(Y = y_k) = p(y_k, \vartheta_1, \vartheta_2, \ldots, \vartheta_m) \quad \text{für } k = 1, 2, \ldots$$

Die Wahrscheinlichkeiten hängen von m unbekannten Parametern ab.

$x = (x_1, x_2, \ldots, x_n)$ sei eine einfache Stichprobe bezüglich Y, d.h. x_i seien unabhängige Realisierungen von Y.

Likelihood - Funktion

$$L(x_1, x_2, \ldots, x_n, \vartheta_1, \vartheta_2, \ldots, \vartheta_m) = \prod_{i=1}^{n} p(x_i, \vartheta_1, \vartheta_2, \ldots, \vartheta_m)$$

ist die Wahrscheinlichkeit für die eingetretene Stichprobe mit

$$\ln L(x_1, x_2, \ldots, x_n, \vartheta_1, \vartheta_2, \ldots, \vartheta_m) = \sum_{i=1}^{n} \ln p(x_i, \vartheta_1, \vartheta_2, \ldots, \vartheta_m).$$

Likelihood-Funktion einer stetigen Verteilung

Y besitze die von m unbekannten Parametern abhängige Dichte $f(y) = f(y, \vartheta_1, \vartheta_2, \ldots, \vartheta_m)$.

Die einfache Stichprobe $x = (x_1, x_2, \ldots, x_n)$ bezüglich Y besitzt die

Likelihood - Funktion

$$L(x_1, x_2, \ldots, x_n, \vartheta_1, \vartheta_2, \ldots, \vartheta_m) = \prod_{i=1}^{n} f(x_i, \vartheta_1, \vartheta_2, \ldots, \vartheta_m) \quad \text{mit}$$

$$\ln L(x_1, x_2, \ldots, x_n, \vartheta_1, \vartheta_2, \ldots, \vartheta_m) = \sum_{i=1}^{n} \ln f(x_i, \vartheta_1, \vartheta_2, \ldots, \vartheta_m).$$

Maximum-Likelihood-Prinzip

Die m unbekannten Parameter $\vartheta_1, \vartheta_2, \ldots, \vartheta_m$ werden so bestimmt, dass die Likelihood-Funktion maximal wird.
Bestimmungsgleichung, falls $p(x_k, \vartheta_1, \ldots, \vartheta_m)$ bzw. $f(x, \vartheta_1, \ldots, \vartheta_m)$ nach allen m Parametern $\vartheta_1, \vartheta_2, \ldots, \vartheta_m$ stetig differenzierbar sind:

$$\frac{\partial L}{\partial \vartheta_1} = 0; \quad \frac{\partial L}{\partial \vartheta_2} = 0; \ldots; \quad \frac{\partial L}{\partial \vartheta_m} = 0$$

$$\Leftrightarrow \quad \frac{\partial \ln L}{\partial \vartheta_1} = 0; \quad \frac{\partial \ln L}{\partial \vartheta_2} = 0; \ldots; \quad \frac{\partial \ln L}{\partial \vartheta_m} = 0$$ (weil $\ln x$ streng monoton wachsend ist)

Eigenschaften von Maximum-Likelihood-Schätzungen

Voraussetzungen im stetigen Fall: Für die Dichte $f(x, \vartheta)$ gelte für alle Parameterwerte ϑ aus einem Intervall $A = [a; b]$ und alle $x \in \mathbb{R}$:

a) $\frac{\partial \ln f(x, \vartheta)}{\partial \vartheta}$; $\frac{\partial^2 \ln f(x, \vartheta)}{\partial \vartheta^2}$; $\frac{\partial^3 \ln f(x, \vartheta)}{\partial \vartheta^3}$ sollen existieren;

b) für jedes $\vartheta \in A$ gibt es integrierbare Funktionen g_1, g_2, g_3 mit

$$\left|\frac{\partial \ln f(x, \vartheta)}{\partial \vartheta}\right| < g_1(x); \quad \left|\frac{\partial^2 \ln f(x, \vartheta)}{\partial \vartheta^2}\right| < g_2(x); \quad \left|\frac{\partial^3 \ln f(x, \vartheta)}{\partial \vartheta^3}\right| < g_3(x);$$

$$\int_{-\infty}^{\infty} g_1(x)\,dx < \infty; \qquad \int_{-\infty}^{\infty} g_2(x)\,dx < \infty;$$

$\int_{-\infty}^{\infty} g_3(x) \cdot f(x, \vartheta)\,dx < M$ mit einer von ϑ unabhängigen Konstanten M.

c) $0 < \int_{-\infty}^{+\infty} \left(\frac{\partial \ln f(x; \vartheta)}{\partial \vartheta}\right)^2 \cdot f(x; \vartheta)\,dx < \infty$ für jedes $\vartheta \in A$.

Im diskreten Fall müssen die Dichte $f(x, \vartheta)$ durch die Wahrscheinlichkeiten $p(x_k, \vartheta)$, $k = 1, 2, \ldots$ und die Integrale durch die entsprechenden Summen über k ersetzt werden.

Dann sind die Maximum-Likelihood-Schätzungen für den Parameter ϑ konsistent, asymptotisch wirksamst und asymptotisch normalverteilt mit dem Erwartungswert ϑ und der Varianz

$$\sigma^2 = \frac{1}{n \cdot \int_{-\infty}^{+\infty} \left(\frac{\partial \ln f(x; \vartheta)}{\partial \vartheta}\right)^2 \cdot f(x; \vartheta)\,dx} \qquad \text{(bei stetigen Zufallsvariablen)}$$

$$\sigma^2 = \frac{1}{n \cdot \sum_k \left(\frac{\partial \ln P(X = x_k; \vartheta)}{\partial \vartheta}\right)^2 \cdot P(X = x_k; \vartheta)}$$

(bei diskreten Zufallsvariablen).

Die Varianz dieser asymptotischen Normalverteilung stellt die untere Schranke für die Varianzen erwartungstreuer Schätzfunktionen in der Ungleichung von Rao-Cramér (s. S. 81) dar, falls die Regularitätsbedingungen erfüllt sind.

4.2.4. Schätzwerte für spezielle Parameter

Parameter	Schätzwert	Eigenschaft
$\mu = E(X)$ Erwartungswert	$\hat{\mu} = \frac{1}{n}\sum_{i=1}^{n} x_i = \bar{x}$ arithmetisches Mittel	erwartungstreu, konsistent, falls Var (X) exist., wirksamst bei Normalverteilungen
$\sigma^2 = Var(X)$ Varianz	$\hat{\sigma}^2 = \frac{1}{n}\sum_{i=1}^{n} (x_i - \mu)^2$ falls $\mu = E(X)$ bekannt $\hat{\sigma}^2 = s^2$ (emp. Varianz) $= \frac{1}{n-1}\sum_{i=1}^{n} (x_i - \bar{x})^2$	erwartungstreu, konsistent, falls $E((X-\mu)^4)$ existiert, wirksamst bei Normalverteilungen; erwartungstreu, konsistent, falls $E((X-\mu)^4)$ existiert, asympt. wirksamst bei Normalvert.
$\sigma = \sqrt{Var(X)}$ Standardabweichung	$\hat{\sigma} = s$ empirische Standardabweichung	nicht erwartungstreu wegen $E(S) < \sigma$; bei Normalverteilungen asympt. erwartungstreu
$p = P(A)$ Wahrscheinlichkeit eines Ereignisses A	$\hat{p} = r_n(A)$ relative Häufigkeit in einer unabhängigen Serie	erwartungstreu, konsistent
$\sigma_{XY} = Cov(X, Y)$ Kovarianz	$\hat{\sigma}_{XY} = s_{xy}$ (emp. Kovar.) $\frac{1}{n-1}\sum_{i=1}^{n} (x_i - \bar{x})(y_i - \bar{y})$	erwartungstreu, konsistent, falls $E(X^2 \cdot Y^2)$ existiert
Korrelationskoeff. $\rho = \rho(X, Y)$	$\hat{\rho} = r = r(x, y)$ emp. Korrelationskoeff.	asympt. erwartungstreu, asympt. konsistent, falls $E(X^4)$, $E(Y^4)$ exist.
Poissonverteilung, Parameter λ	$\hat{\lambda} = \bar{x}$	erwartungstreu; s. Schätzung für μ
Exponentialverteilung, Parameter λ	$\hat{\lambda} = \frac{1}{\bar{x}}$	asymptotisch erwartungstreu
Gleichmäßige Verteilung in $[0; \vartheta]$, Parameter ϑ	$\hat{\vartheta} = \frac{n+1}{n} \cdot x_{max}$ x_{max} maximaler Stichprobenwert	erwartungstreu
Gleichmäßige Verteilung in $[a; b]$, Parameter a, b	$\hat{a} = \frac{n+1}{n} \cdot x_{min}$ $\hat{b} = \frac{n+1}{n} \cdot x_{max}$	erwartungstreu

4.3. Konfidenzintervalle (Intervallschätzung)

4.3.1. Allgemeine Konfidenzintervalle (Vertrauensintervalle)

$G_u = g_u(X_1, \ldots, X_n)$; $G_o = g_o(X_1, \ldots, X_n)$	Stichprobenfunktionen
$g_u = g_u(x_1, \ldots, x_n)$; $g_o = g_o(x_1, \ldots, x_n)$	Realisierungen aus einer einfachen Stichprobe
$[G_u; G_o]$ mit $P(G_u \le \vartheta \le G_o) = \gamma = 1 - \alpha$	zweiseitiges Konfidenzintervall für ϑ zum Konfidenzniveau γ (Vertrauenswahrscheinlichkeit)
$(-\infty; G_o]$; $[G_u; +\infty)$ mit $P(\vartheta \le G_o) = P(G_u \le \vartheta) = \gamma = 1 - \alpha$	einseitige Konfidenzintervalle für ϑ zum Konfidenzniveau γ
$[g_u; g_o]$, $(-\infty; g_o]$ bzw. $[g_u; \infty)$	(empirische) Konfidenzintervalle für ϑ (Realisierungen)

Mit Wahrscheinlichkeit $\alpha = 1 - \gamma$ liegt der Parameter ϑ nicht in dem Konfidenzintervall (Zufallsintervall).

Lässt man im zweiseitigen Konfidenzintervall eine der beiden Grenzen weg, so erhält man einseitige Konfidenzintervalle zu dem größeren Konfidenzniveau $\hat{\gamma} = (1 + \gamma)/2 = 1 - \frac{\alpha}{2}$.

4.3.2. Konfidenzintervalle nach Clopper-Pearson

Verfahren von Clopper-Pearson im stetigen Fall

Die Schätzfunktion $U = T_n(X_1, X_2, \ldots, X_n)$ für ϑ besitze die Dichte $g(u, \vartheta)$. Die durch

$$\int_{-\infty}^{v(\vartheta)} g(u; \vartheta)\, du = \alpha_1; \quad \int_{w(\vartheta)}^{+\infty} g(u; \vartheta)\, du = \alpha_2$$

bestimmten Funktionen $w(\vartheta)$ und $v(\vartheta)$ seien in ϑ stetig und streng monoton wachsend. u_o sei die Realisierung der Schätzfunktion U.

ϑ_1 und ϑ_2 werden bestimmt aus $\int_{u_o}^{+\infty} g(u; \vartheta_1) = \alpha_2$; $\int_{-\infty}^{u_o} g(u; \vartheta_2) = \alpha_1$;

Konfidenzintervalle für ϑ zum Konfidenzniveau γ

$\alpha_1 = \alpha_2 = \frac{1-\gamma}{2}$ $\Rightarrow$ zweiseitiges Konfidenzintervall $[\vartheta_1; \vartheta_2]$;

$\alpha_1 = 0$; $\alpha_2 = 1 - \gamma$ $\Rightarrow$ einseitiges Konfidenzintervall $[\vartheta_1; \infty)$;

$\alpha_1 = 1 - \gamma$; $\alpha_2 = 0$ $\Rightarrow$ einseitiges Konfidenzintervall $(-\infty; \vartheta_2]$.

Verfahren von Clopper-Pearson im diskreten Fall

Im diskreten Fall gibt es nicht zu jedem vorgegebenen Konfidenzniveau γ mit $0 < \gamma < 1$ ein Konfidenzintervall. Daher bestimmt man ein Konfidenzintervall mit dem Niveau $\geq \gamma$, wobei das tatsächliche Niveau γ^* möglichst nahe bei γ liegen soll.
Die diskrete Schätzfunktion $U = T_n(X_1, \ldots, X_n)$ für ϑ besitze die vom Parameter ϑ abhängige Verteilung $\left(u_k, P(U = u_k; \vartheta)\right)$, $k = 1, 2, \ldots$, wobei die Werte $u_1, u_2, \ldots$ der Größe nach aufsteigend geordnet sind.
Zu jedem möglichen Parameterwert ϑ bestimmt man

$v(\vartheta)$ maximal mit $\sum\limits_{k \leq v(\vartheta)} P(U = u_k; \vartheta) = \alpha_1^*(\vartheta) \leq \alpha_1$

$w(\vartheta)$ minimal mit $\sum\limits_{k \geq w(\vartheta)} P(U = u_k; \vartheta) = \alpha_2^*(\vartheta) \leq \alpha_2$.

$v(\vartheta)$ und $w(\vartheta)$ seien in ϑ monoton wachsend.

U besitze die Realisierung u_0; ϑ_1 und ϑ_2 werden bestimmt aus

ϑ_1 maximal mit $\sum\limits_{k \geq u_0} P(U = u_k; \vartheta_1) \leq \alpha_2$

ϑ_2 minimal mit $\sum\limits_{k \leq u_0} P(U = u_k; \vartheta_2) \leq \alpha_1$

Konfidenzintervalle für ϑ zum Konfidenzniveau $\geq \gamma$

$\alpha_1 = \alpha_2 = \dfrac{1-\gamma}{2}$ $\Rightarrow$ zweiseitiges Konfidenzintervall $[\vartheta_1; \vartheta_2]$;

$\alpha_1 = 0;\ \alpha_2 = 1 - \gamma$ $\Rightarrow$ einseitiges Konfidenzintervall $[\vartheta_1; \infty)$;

$\alpha_1 = 1 - \gamma;\ \alpha_2 = 0$ $\Rightarrow$ einseitiges Konfidenzintervall $(-\infty; \vartheta_2]$.

4.3.3. Asymptotische Konfidenzintervalle

Konfidenzintervalle bei regulären Maximum-Likelihood-Schätzungen

Nach S. 83 sind die Maximum-Likelihood-Schätzungen T_n unter den dort angegebenen Regularitätsbedingungen asymptotisch normalverteilt mit dem Erwartungswert ϑ und der Varianz

$$\operatorname{Var}(T_n) = \frac{1}{n \cdot \displaystyle\int_{-\infty}^{+\infty} \left(\frac{\partial \ln f(x; \vartheta)}{\partial \vartheta}\right)^2 \cdot f(x; \vartheta)\, dx} \quad \text{bei stetigen Verteilungen;}$$

$$\operatorname{Var}(T_n) = \frac{1}{n \displaystyle\sum_k \left(\frac{\partial \ln P(X = x_k; \vartheta)}{\partial \vartheta}\right)^2 \cdot P(X = x_k; \vartheta)} \quad \text{bei diskreten Verteilungen.}$$

Für große n ist die Standardisierung $\dfrac{T_n - \vartheta}{\sqrt{\operatorname{Var}(T_n)}}$ ungefähr $N(0; 1)$-verteilt.

Falls eine Auflösung nach ϑ möglich ist, können hieraus für große n näherungsweise Konfidenzintervalle für ϑ bestimmt werden.

Allgemeine asymptotische Konfidenzintervalle

In vielen Fällen kann man wegen des zentralen Grenzwertsatzes davon ausgehen, dass eine (asymptotisch) erwartungstreue Testgröße T_n asymptotisch normalverteilt ist. Dann ist für große n

$\frac{T_n - \vartheta}{\sqrt{Var(T_n)}}$ näherungsweise standardnormalverteilt.

Falls für $Var(T_n)$ eine konsistente Schätzfunktion existiert mit den Realisierungen $\hat{\sigma}^2$, kann durch sie die unbekannte Varianz σ^2 geschätzt werden. Für große n ist die obige Testgröße mit dieser Schätzung wieder ungefähr standardnormalverteilt. Damit erhält man näherungsweise Konfidenzintervalle für ϑ aus 4.3.4.1 mit $\sigma_0 = \hat{\sigma}$.

4.3.4. Spezielle (empirische) Konfidenzintervalle

4.3.4.1. Konfidenzintervalle für einen Erwartungswert μ

Voraussetzung: Entweder liegt eine Normalverteilung vor $\Rightarrow$ n beliebig oder $n > 30$ (ergibt nach dem zentralen Grenzwertsatz Näherungslösungen).

a) $Var(X) = \sigma_0^2$ bekannt

zweiseitige Konfidenzintervalle für μ zum Niveau γ

$$\left[\bar{x} - z_{\frac{1+\gamma}{2}} \cdot \frac{\sigma_0}{\sqrt{n}}\,;\ \bar{x} + z_{\frac{1+\gamma}{2}} \cdot \frac{\sigma_0}{\sqrt{n}}\right]$$

Quantile der Standardnormalverteilung s. Tab. 2 S. 132

Länge: $l = 2 \cdot z_{\frac{1+\gamma}{2}} \cdot \frac{\sigma_0}{\sqrt{n}} \to 0$ für $n \to \infty$

einseitige Konfidenzintervalle für μ zum Niveau γ

$$\left(-\infty;\ \bar{x} + z_\gamma \cdot \frac{\sigma_0}{\sqrt{n}}\right];\quad \left[\bar{x} - z_\gamma \cdot \frac{\sigma_0}{\sqrt{n}}\,;\ +\infty\right) \text{ mit } \bar{x} = \frac{1}{n}\sum_{i=1}^{n} x_i$$

b) $\sigma^2 = Var(X)$ nicht bekannt

zweiseitige Konfidenzintervalle für μ zum Niveau γ

$$\left[\bar{x} - t_{n-1;\frac{1+\gamma}{2}} \cdot \frac{s}{\sqrt{n}}\,;\ \bar{x} + t_{n-1;\frac{1+\gamma}{2}} \cdot \frac{s}{\sqrt{n}}\right];$$

Quantile der t-Verteilung mit $n-1$ Freiheitsgraden s. Tab. 3 S. 133

Länge: $l = 2 \cdot t_{n-1;\frac{1+\gamma}{2}} \cdot \frac{s}{\sqrt{n}} \to 0$ für $n \to \infty$

einseitige Konfidenzintervalle für μ zum Niveau γ

$$\left(-\infty;\ \bar{x} + t_{n-1;\gamma} \cdot \frac{s}{\sqrt{n}}\right];\quad \left[\bar{x} - t_{n-1;\gamma} \cdot \frac{s}{\sqrt{n}}\,;\ +\infty\right)$$

$$\bar{x} = \frac{1}{n}\sum_{i=1}^{n} x_i\,;\ s^2 = \frac{1}{n-1}\sum_{i=1}^{n}(x_i - \bar{x})^2$$

4.3.4.2. Konfidenzintervalle für eine Varianz σ^2

Konfidenzintervalle bei Normalverteilungen

Voraussetzung: Die Zufallsvariable X sei normalverteilt

a) $E(X) = \mu_0$ sei bekannt

zweiseitige einseitige Konfidenzintervalle für σ^2 zum Niveau γ

$$\left[\frac{n\tilde{s}^2}{\chi^2_{n;\frac{1+\gamma}{2}}} ; \frac{n\tilde{s}^2}{\chi^2_{n;\frac{1-\gamma}{2}}}\right]; \quad \left[\frac{n\tilde{s}^2}{\chi^2_{n;\gamma}} ; +\infty\right); \quad \left(0 ; \frac{n\tilde{s}^2}{\chi^2_{n;1-\gamma}}\right]$$

$n\tilde{s}^2 = \sum_{i=1}^{n}(x_i - \mu_0)^2$; Quantile der Chi-Quadrat-Verteilung mit n Freiheitsgraden s. Tab. 4 S. 135

b) $E(X)$ sei nicht bekannt

zweiseitige einseitige Konfidenzintervalle für σ^2 zum Niveau γ

$$\left[\frac{(n-1)s^2}{\chi^2_{n-1;\frac{1+\gamma}{2}}} ; \frac{(n-1)s^2}{\chi^2_{n-1;\frac{1-\gamma}{2}}}\right]; \quad \left[\frac{(n-1)s^2}{\chi^2_{n-1;\gamma}} ; +\infty\right); \quad \left(0 ; \frac{(n-1)s^2}{\chi^2_{n-1;1-\gamma}}\right]$$

$(n-1)s^2 = \sum_{i=1}^{n}(x_i - x)^2$; $\bar{x} = \frac{1}{n}\sum_{i=1}^{n} x_i$;

Quantile der Chi-Quadrat-Verteilung mit $n-1$ FG s. Tab. 4 S. 135

Asymptotische Konfidenzintervalle ohne Normalverteilungsannahme

Für große n ist S^2 näherungsweise normalverteilt mit dem Erwartungswert $E(S^2) = \sigma^2$. Falls das 4. zentrale Moment $\eta_4 = E((X-\mu)^4)$ existiert, gilt für große n

$\operatorname{Var}(S^2) \approx \frac{\eta_4 - \sigma^4}{n}$. Dann ist $Z = \frac{S^2 - \sigma^2}{\sqrt{\frac{\eta_4 - \sigma^4}{n}}}$ ungefähr standardnormalverteilt

Falls das achte zentrale Moment von X existiert, kann η_4 durch das 4. zentrale Moment $m_4(\bar{x})$ der Stichprobe konsistent geschätzt werden;

zweiseitige Konfidenzintervalle für σ^2 zum Niveau γ

$$\left[s^2 - z_{\frac{1+\gamma}{2}} \cdot \sqrt{\frac{m_4 - (s^2)^2}{n}} ; s^2 + z_{\frac{1+\gamma}{2}} \cdot \sqrt{\frac{m_4 - (s^2)^2}{n}}\right]$$

einseitige Konfidenzintervalle für σ^2 zum Niveau γ

$$\left[s^2 - z_\gamma \cdot \sqrt{\frac{m_4 - (s^2)^2}{n}} ; +\infty\right); \quad \left(0 ; s^2 + z_\gamma \sqrt{\frac{m_4 - (s^2)^2}{n}}\right]$$

$s^2 = \frac{1}{n-1}\sum_{i=1}^{n}(x_i - \bar{x})^2$; $m_4(\bar{x}) = \frac{1}{n}\sum_{i=1}^{n}(x_i - \bar{x})^4$; Quantile s. S. 132.

4.3.4.3. Konfidenzintervalle für eine Standardabweichung σ

$$P(G_u \leq \sigma^2 \leq G_0) = \gamma \quad \Leftrightarrow \quad P(\sqrt{G_u} \leq \sigma \leq \sqrt{G_0}) = \gamma.$$

Konfidenzintervalle für die Standardabweichung σ zum Konfidenzniveau γ erhält man aus den Konfidenzintervallen für die Varianz σ^2 zum Niveau γ, indem aus den Grenzen die (positive) Quadratwurzel gezogen wird.

4.3.4.4. Konfidenzintervalle für eine Wahrscheinlichkeit p

$p = P(A)$; $h_n(A)$ = absolute Häufigkeit; $r_n(A)$ = relative Häufigkeit des Ereignisses A in einer unabhängigen Versuchsserie vom Umfang n.

Asymptotische Konfidenzintervalle bei großem Stichprobenumfang

Voraussetzung: $n\,p\,(1-p) > 9 \quad \Rightarrow$ Normalverteilungsapproximation.
Mit der Zufallsvariablen X der absoluten Häufigkeit von A in einer unabhängigen Versuchsserie vom Umfang n ist

$$\frac{X - np}{\sqrt{n\,p\,(1-p)}} \quad \text{näherungsweise standardnormalverteilt;}$$

asymptotische Konfidenzintervalle für p zum Niveau γ

zweiseitige Konfidenzintervalle

$[p_u; p_o]$ mit den Grenzen

$$p_{u,o} = \frac{n}{n + z^2_{\frac{1+\gamma}{2}}} \cdot \left[r_n + \frac{z^2_{\frac{1+\gamma}{2}}}{2n} \mp z_{\frac{1+\gamma}{2}} \cdot \sqrt{\frac{r_n \cdot (1-r_n)}{n} + \frac{z^2_{\frac{1+\gamma}{2}}}{4n^2}} \right];$$

Länge des zweiseitigen Konfidenzintervalls

$$l = \frac{2\,n\,z_{\frac{1+\gamma}{2}}}{n + z^2_{\frac{1+\gamma}{2}}} \cdot \sqrt{\frac{r_n \cdot (1-r_n)}{n} + \frac{z^2_{\frac{1+\gamma}{2}}}{4n^2}} \quad \to 0 \ \text{ für } n \to \infty;$$

$$l \approx 2\,z_{\frac{1+\gamma}{2}} \cdot \sqrt{\frac{r_n \cdot (1-r_n)}{n}} \leq \frac{z_{\frac{1+\gamma}{2}}}{\sqrt{n}} \quad \text{für sehr große } n;$$

einseitige Konfidenzintervalle

$[0; p_o]$; $[p_u; 1]$ mit

$$p_{u,o} = \frac{n}{n + z^2_{\gamma}} \cdot \left[r_n + \frac{z^2_{\gamma}}{2n} \mp z_{\gamma} \cdot \sqrt{\frac{r_n \cdot (1-r_n)}{n} + \frac{z^2_{\gamma}}{4n^2}} \right]$$

Quantile der Standardnormalverteilung s. Tab. 2 S. 132

Konfidenzintervalle für p bei kleinem Stichprobenumfang n

Bestimmung der Grenzen aus der Binomialverteilung
Für kleine n werden die Konfidenzintervalle nach Clopper-Pearson aus der Binomialverteilung bestimmt (s. S. 86). Mit mit $u_o = m = h_n(A)$ (absolute Häufigkeit) von A bestimmt man

$$p_u \text{ maximal mit } \sum_{k=m}^{n} \binom{n}{k} p_u^k (1-p_u)^{n-k} = \alpha_1$$

$$p_o \text{ minimal mit } \sum_{k=0}^{m} \binom{n}{k} p_o^k (1-p_o)^{n-k} = \alpha_2$$

Konfidenzintervalle für p zum Niveau $\geq \gamma$

$\alpha_1 = \alpha_2 = \frac{1-\gamma}{2}$ $\Rightarrow$ zweiseitiges Konfidenzintervall $[p_u; p_o]$

$\alpha_1 = 1-\gamma; \alpha_2 = 0$ $\Rightarrow$ einseitiges Konfidenzintervall $[p_u; 1]$

$\alpha_1 = 0; \alpha_2 = 1-\gamma$ $\Rightarrow$ einseitiges Konfidenzintervall $[0; p_0]$.

Bestimmung der Grenzen aus der F-Verteilung
Mit der Darstellung der Binomialverteilung durch eine F-Verteilung (s. S. 47) erhält man aus der Realisierung $m = h_n(A)$ zum Niveau $\geq \gamma$ die Grenzen mit den Quantilen der F-Verteilung (s. Tab. 5 S. 138)

$$p_u = \frac{m}{m + (n-m+1) \cdot f_{(2(n-m+1),\, 2m);\, 1-\alpha_1}}$$

$$p_o = \frac{(m+1) \cdot f_{(2(m+1),\, 2(n-m));\, 1-\alpha_2}}{n - m + (m+1) \cdot f_{(2(m+1),\, 2(n-m));\, 1-\alpha_2}}$$

zweiseitige Konfidenzintervalle: $[p_u; p_o]$; p_u; p_o mit $\alpha_1 = \alpha_2 = \frac{1-\gamma}{2}$

einseitige Konfidenzintervalle: $[p_u; 1]$ mit $\alpha_1 = 1-\gamma$; $\alpha_2 = 0$

$[0; p_o]$ mit $\alpha_2 = 1+\gamma$; $\alpha_1 = 0$

4.3.4.5. Konfidenzintervalle für den Parameter λ einer Poisson-Verteilung

Asymptotische Konfidenzintervalle für λ bei großem Stichprobenumfang

Voraussetzung: $n \cdot \lambda > 9$ (Normalverteilungsapproximation)

$\Rightarrow Z = \frac{\overline{X} - \lambda}{\sqrt{\lambda}} \cdot \sqrt{n}$ ist ungefähr standardnormalverteilt.

Konfidenzintervalle für λ zum Niveau γ

zweiseitige $[\lambda_u; \lambda_o]$ mit

$$\lambda_{u,o} = \overline{x} + \frac{z^2}{2n} \mp \frac{z}{2n} \cdot \sqrt{4n\overline{x} + z^2} \quad \text{mit} \quad z = z_{\frac{1+\gamma}{2}};$$

einseitige: $(0; \lambda_o]$; $[\lambda_u; \infty)$ mit $z = z_\gamma$

Quantile der Standardnormalverteilung s. Tab. 2 S. 132

Konfidenzintervalle für λ nach Clopper-Pearson

$x = (x_1, x_2, \ldots, x_n)$ sei eine einfache Stichprobe

$\Rightarrow X_1 + X_2 + \ldots + X_n$ ist Poisson-verteilt mit dem Parameter $n\lambda$

$$\sum_{k=n\bar{x}}^{\infty} \frac{(n\lambda_u)^k}{k!} \cdot e^{-n\lambda_u} = \alpha_2 ; \qquad \sum_{k=0}^{n\bar{x}} \frac{(n\lambda_o)^k}{k!} \cdot e^{-n\lambda_o} = \alpha_1 .$$

Mit der Darstellung der Poisson-Verteilung durch eine Chi-Quadrat-Verteilung (s. S. 48)

$$P(X \leq r) = \sum_{k=0}^{r} \frac{(n\lambda)^k}{k!} \cdot e^{-n\lambda} = 1 - P(\chi^2_{2(r+1)} \leq 2n\lambda)$$

erhält man Konfidenzintervalle für λ zum Niveau $\geq \gamma$

zweiseitige: $\left[\frac{1}{2n} \cdot \chi^2_{2n\bar{x};\, \frac{1-\gamma}{2}} ; \ \frac{1}{2n} \cdot \chi^2_{2n\bar{x}+2;\, \frac{1+\gamma}{2}}\right]$

einseitige: $\left[\frac{1}{2n} \cdot \chi^2_{2n\bar{x};\, 1-\gamma} ; \infty\right) ; \ \left(0 ; \frac{1}{2n} \cdot \chi^2_{2n\bar{x}+2;\, \gamma}\right]$

$n\bar{x} = \sum_{i=1}^{n} x_i$ Stichprobensumme; Quantile s. Tab. 4 S. 135

4.3.4.6. Konfidenzintervalle für den Parameter λ einer Exponentialverteilung

$(x_1, x_2, \ldots, x_n)$ sei eine einfache Stichprobe

$\Rightarrow 2\lambda \cdot \sum_{i=1}^{n} X_i$ ist Chi-Quadrat-verteilt mit 2n Freiheitsgraden (s. S. 57).

Konfidenzintervalle für λ zum Niveau γ

zweiseitige Konfidenzintervalle: $\left[\frac{\chi^2_{2n;\, \frac{1-\gamma}{2}}}{2n\bar{x}} ; \ \frac{\chi^2_{2n;\, \frac{1+\gamma}{2}}}{2n\bar{x}}\right]$

einseitige Konfidenzintervalle: $\left[\frac{\chi^2_{2n;\, 1-\gamma}}{2n\bar{x}} ; \infty\right) ; \ \left(0 ; \frac{\chi^2_{2n;\, \gamma}}{2n\bar{x}}\right]$.

$n\bar{x} = \sum_{i=1}^{n} x_i$; Quantile der Chi-Quadrat-Verteilung mit 2n Freiheitsgraden s. Tab. 4 S. 135

4.3.4.7. Konfidenzintervalle für den Parameter ϑ einer in $[0;\vartheta]$ gleichmäßig stetigen Verteilung

Konfidenzintervalle zum Konfidenzniveau γ

zweiseitige: $\left[x_{max}\,;\,\frac{x_{max}}{\sqrt[n]{1-\gamma}}\right]$ und $\left[\frac{x_{max}}{\sqrt[n]{\frac{1+\gamma}{2}}}\,;\,\frac{x_{max}}{\sqrt[n]{\frac{1-\gamma}{2}}}\right]$;

einseitige: $\left[\frac{x_{max}}{\sqrt[n]{\gamma}}\,;\,\infty\right)$; $\left(0\,;\,\frac{x_{max}}{\sqrt[n]{1-\gamma}}\right]$;

n = Stichprobenumfang; x_{max} = maximaler Stichprobenwert.

4.3.4.8. Konfidenzintervalle für die Differenz zweier Erwartungswerte

Voraussetzung: Normalverteilung oder Stichprobenumfänge ≥ 30. Gesucht sind Konfidenzintervalle für $\mu_X - \mu_Y = E(X) - E(Y) = E(X - Y)$.

Konfidenzintervalle bei verbundenen Stichproben

Zweidimensionale verbundene Stichprobe vom Umfang n

$(x, y) = ((x_1, y_1), (x_2, y_2), \ldots, (x_n, y_n))$.

Kenngrößen der Stichprobe $x - y$ der Differenzenwerte $x_i - y_i$ für $i = 1, 2, \ldots, n$

Mittelwert $\bar{x} - \bar{y} = \frac{1}{n}\sum_{i=1}^{n}(x_i - y_i)$

Varianz $s^2_{x-y} = \frac{1}{n-1}\sum_{i=1}^{n}(x_i - y_i - \bar{x} + \bar{y})^2$

$$= \frac{1}{n-1}\left(\sum_{i=1}^{n}(x_i - y_i)^2 - n\cdot(\bar{x} - \bar{y})^2\right).$$

$$\sqrt{n}\cdot\frac{\overline{X} - \overline{Y} - (\mu_X - \mu_Y)}{S_{X-Y}} \quad \text{mit} \quad S^2_{X-Y} = \frac{1}{n-1}\sum_{i=1}^{n}(X_i - Y_i - \overline{X} + \overline{Y})^2$$

ist unter der Normalverteilungsannahme t-verteilt, sonst für $n \geq 30$ näherungsweise t-verteilt.

Konfidenzintervalle für $\mu_X - \mu_Y$ zum Niveau γ

zweiseitige Konfidenzintervalle

$$\left[\bar{x} - \bar{y} - t_{n-1\,;\,\frac{1+\gamma}{2}}\cdot\frac{s_{x-y}}{\sqrt{n}}\,;\ \bar{x} - \bar{y} + t_{n-1\,;\,\frac{1+\gamma}{2}}\cdot\frac{s_{x-y}}{\sqrt{n}}\right];$$

einseitige Konfidenzintervalle

$$\left[\bar{x} - \bar{y} - t_{n-1\,;\,\gamma}\cdot\frac{s_{x-y}}{\sqrt{n}}\,;\,\infty\right);\left(-\infty\,;\,\bar{x} - \bar{y} + t_{n-1\,;\,\gamma}\cdot\frac{s_{x-y}}{\sqrt{n}}\right];$$

s_{x-y} = Standardabweichung der Differenzen $x_i - y_i$ (s. o.)

Quantile der t-Verteilung mit $n - 1$ Freiheitsgraden s. Tab. 3 S. 133.

Konfidenzintervalle bei nichtverbundenen (unabhängigen) Stichproben

X mit $E(X) = \mu_X$ und Y mit $E(Y) = \mu_Y$ seien unabhängig.

$x = (x_1, x_2, \ldots, x_{n_1})$ Stichprobe vom Umfang n_1 bezüglich X

$y = (y_1, y_2, \ldots, y_{n_2})$ Stichprobe vom Umfang n_2 bezüglich Y

Konfidenzintervalle bei bekannten Varianzen

$\sigma_X^2 = \mathrm{Var}(X)$ und $\sigma_Y^2 = \mathrm{Var}(Y)$ seien bekannt

$$\Rightarrow \quad \sigma^2_{\overline{X}-\overline{Y}} = \mathrm{Var}(\overline{X}-\overline{Y}) = \mathrm{Var}(\overline{X}+\overline{Y}) = \frac{\sigma_X^2}{n_1} + \frac{\sigma_Y^2}{n_2}$$

$$\Rightarrow \quad \frac{\overline{X}-\overline{Y}-(\mu_X-\mu_Y)}{\sqrt{\frac{\sigma_X^2}{n_1}+\frac{\sigma_Y^2}{n_2}}}$$ ist wenigstens näherungsweise standardnormalverteilt

Konfidenzintervalle für $\mu_X - \mu_Y$ zum Niveau γ

zweiseitige Konfidenzintervalle

$$\left[\bar{x}-\bar{y}-z_{\frac{1+\gamma}{2}}\cdot\sqrt{\frac{\sigma_X^2}{n_1}+\frac{\sigma_Y^2}{n_2}}\;;\; \bar{x}-\bar{y}+z_{\frac{1+\gamma}{2}}\cdot\sqrt{\frac{\sigma_X^2}{n_1}+\frac{\sigma_Y^2}{n_2}}\right];$$

einseitige Konfidenzintervalle

$$\left[\bar{x}-\bar{y}-z_\gamma\cdot\sqrt{\frac{\sigma_X^2}{n_1}+\frac{\sigma_Y^2}{n_2}}\;;\infty\right);\quad \left(-\infty\;;\bar{x}-\bar{y}+z_\gamma\cdot\sqrt{\frac{\sigma_X^2}{n_1}+\frac{\sigma_Y^2}{n_2}}\right].$$

$\bar{x} = \frac{1}{n_1}\sum_{i=1}^{n_1} x_i$; $\bar{y} = \frac{1}{n_2}\sum_{j=1}^{n_2} y_j$; Quantile der Standardnormalverteilung s. Tab. 2 S. 132.

Konfidenzintervalle bei unbekannten, aber gleichen Varianzen

$\mathrm{Var}(X) = \mathrm{Var}(Y) = \sigma^2$ (σ^2 unbekannt)

Konfidenzintervalle für $\mu_X - \mu_Y$ zum Niveau γ

zweiseitige Konfidenzintervalle

$$\left[\bar{x}-\bar{y}-t_{n_1+n_2-2\,;\,\frac{1+\gamma}{2}}\cdot s\;;\; \bar{x}-\bar{y}+t_{n_1+n_2-2\,;\,\frac{1+\gamma}{2}}\cdot s\right]$$

einseitige Konfidenzintervalle

$$\left[\bar{x}-\bar{y}-t_{n_1+n_2-2\,;\,\gamma}\cdot s\,;\infty\right);\quad \left(-\infty\;;\bar{x}-\bar{y}+t_{n_1+n_2-2\,;\,\gamma}\cdot s\right]$$

$$s^2 = \frac{(n_1+n_2)\cdot\left((n_1-1)\,s_X^2 + (n_2-1)\,s_y^2\right)}{n_1\cdot n_2\cdot(n_1+n_2-2)}$$ Schätzwert für σ^2

mit $s_x^2 = \frac{1}{n_1-1}\sum_{i=1}^{n_1}(x_i-\bar{x})^2$; $s_y^2 = \frac{1}{n_2-1}\sum_{j=1}^{n_2}(y_j-\bar{y})^2$;

Quantile der t-Verteilung mit n_1+n_2-2 FG s. Tab. 3 S. 133.

Konfidenzintervalle bei unbekannten und verschiedenen Varianzen - das Behrens-Fisher-Problem

$\mathrm{Var}(X) = \sigma_X^2$ und $\mathrm{Var}(Y) = \sigma_Y^2$ seien verschieden und nicht bekannt.

$$\frac{\overline{X} - \overline{Y} - (\mu_X - \mu_Y)}{\sqrt{\frac{S_x^2}{n_1} + \frac{S_y^2}{n_2}}}\,;\; S_x^2 = \frac{1}{n_1 - 1}\sum_{i=1}^{n_1}(X_i - \overline{X})^2;\; S_y^2 = \frac{1}{n_2 - 1}\sum_{j=1}^{n_2}(Y_j - \overline{Y})^2$$

ist näherungsweise t-verteilt. Anzahl der Freiheitsgrade

$$\nu \approx \frac{\left(\frac{s_x^2}{n_1} + \frac{s_y^2}{n_2}\right)^2}{\frac{1}{n_1 - 1}\cdot\left(\frac{s_x^2}{n_1}\right)^2 + \frac{1}{n_2 - 1}\cdot\left(\frac{s_y^2}{n_2}\right)^2} \qquad \text{(ganzzahlig abrunden).}$$

Konfidenzintervalle für $\mu_X - \mu_Y$ zum Niveau γ

zweiseitige

$$\left[\overline{x} - \overline{y} - t_{\nu;\frac{1+\gamma}{2}}\cdot\sqrt{\frac{s_x^2}{n_1} + \frac{s_y^2}{n_2}}\;;\; \overline{x} - \overline{y} + t_{\nu;\frac{1+\gamma}{2}}\cdot\sqrt{\frac{s_x^2}{n_1} + \frac{s_y^2}{n_2}}\right];$$

einseitige

$$\left[\overline{x} - \overline{y} - t_{\nu;\gamma}\cdot\sqrt{\frac{s_x^2}{n_1} + \frac{s_y^2}{n_2}}\,;\, \infty\right);\left(-\infty\,;\, \overline{x} - \overline{y} + t_{\nu;\gamma}\cdot\sqrt{\frac{s_x^2}{n_1} + \frac{s_y^2}{n_2}}\right]$$

$$s_x^2 = \frac{1}{n_1 - 1}\sum_{i=1}^{n_1}(x_i - \overline{x})^2\;;\; s_y^2 = \frac{1}{n_2 - 1}\sum_{j=1}^{n_2}(y_j - \overline{y})^2;$$

Quantile der t-Verteilung mit ν (s. o.) Freiheitsgraden s. Tab. 3 S. 133.

4.3.4.9. Konfidenzintervalle für den Quotienten der Varianzen zweier unabhängiger Zufallsvariabler

Voraussetzung: Normalverteilung oder große Stichprobenumfänge n_1 und n_2 zur Normalverteilungsapproximation. X, Y seien unabhängig mit $\mathrm{Var}(X) = \sigma_X^2$; $\mathrm{Var}(Y) = \sigma_Y^2$.

Konfidenzintervalle für σ_X^2/σ_Y^2 zum Niveau γ

zweiseitige

$$\left[\frac{s_x^2}{s_y^2}\cdot\frac{1}{f_{(n_1-1,\,n_2-1);\,\frac{1+\gamma}{2}}}\;;\; \frac{s_x^2}{s_y^2}\cdot f_{(n_2-1,\,n_1-1);\,\frac{1+\gamma}{2}}\right]$$

einseitige

$$\left[\frac{s_x^2}{s_y^2}\cdot\frac{1}{f_{(n_1-1,\,n_2-1);\,\gamma}}\,;\,\infty\right);\left(0\,;\,\frac{s_x^2}{s_y^2}\cdot f_{(n_2-1,\,n_1-1);\,\gamma}\right]$$

s_x^2, s_y^2 Stichprobenvarianzen; Quantile der F-Verteilung s. Tab. 5 S. 138.

4.3.4.10. Asymptotische Konfidenzintervalle für die Differenz zweier Wahrscheinlichkeiten

Das Ereignis A besitze in zwei verschiedenen Grundgesamtheiten die Wahrscheinlichkeiten $p_1 = P_1(A)$ und $p_2 = P_2(A)$. Gesucht sind Konfidenzintervalle für die Differenz $p_1 - p_2$.
r_1 sei die relative Häufigkeit des Ereignisses A in einer Serie vom Umfang n_1 aus der ersten Grundgesamtheit und r_2 die relative Häufigkeit einer davon unabhängigen Serie vom Umfang n_2 aus der zweiten Grundgesamtheit.
Voraussetzung: $n_1 \cdot r_1 \cdot (1 - r_1) > 9$ und $n_2 \cdot r_2 \cdot (1 - r_2) > 9$
(Normalverteilungsapproximation)

$$\Rightarrow \quad Z = \frac{R_1 - R_2 - (p_1 - p_2)}{\sqrt{\frac{r_1(1-r_1)}{n_1} + \frac{r_2(1-r_2)}{n_2}}}$$

R_1, R_2 Zufallsvariablen der relativen Häufigkeiten in den Serien
Z ist ungefähr N(0; 1)-verteilt.

Konfidenzintervalle für $p_1 - p_2$ zum Niveau γ

Zweiseitige $[c_u; c_o]$ mit

$$c_{u,o} = r_1 - r_2 \mp z_{\frac{1+\gamma}{2}} \cdot \sqrt{\frac{r_1 \cdot (1-r_1)}{n_1} + \frac{r_2 \cdot (1-r_2)}{n_2}};$$

einseitige

$$\left[-1 \; ; \; r_1 - r_2 + z_\gamma \cdot \sqrt{\frac{r_1 \cdot (1-r_1)}{n_1} + \frac{r_2 \cdot (1-r_2)}{n_2}}\right];$$

$$\left[r_1 - r_2 - z_\gamma \cdot \sqrt{\frac{r_1 \cdot (1-r_1)}{n_1} + \frac{r_2 \cdot (1-r_2)}{n_2}} \; ; +1\right].$$

r_1, r_2 sind die relativen Häufigkeiten des Ereignisses A in den einzelnen Serien vom Umfang n_1 bzw. n_2. Quantile der Standardnormalverteilung s. Tab. 2 S. 132.

4.3.4.11. Konfidenzintervalle für den Median stetiger Zufallsvariabler

$P(X \le \tilde{\mu}) = F(\tilde{\mu}) = \frac{1}{2}$ (wegen der vorausgesetzten Stetigkeit);

geordnete Stichprobe $x_{(1)} \le x_{(2)} \le x_{(3)} \le \ldots \le x_{(n)}$

Konfidenzintervalle für den Median $\tilde{\mu}$ zum Konfidenzniveau $\ge \gamma = 1 - \alpha$

zweiseitige $[x_{(1+k_{\alpha/2})}; x_{(n-k_{\alpha/2})}]$;

einseitige $[x_{(1+k_\alpha)}; \infty)$; $(-\infty; x_{(n-k_\alpha)}]$;

k_α maximal mit $\frac{1}{2^n} \sum_{k=0}^{k_\alpha} \binom{n}{k} \le \alpha$.

Berechnung der Grenzen

a) Für kleine n müssen die Grenzen direkt aus der Binomialverteilung bestimmt werden. Mit der Darstellung der Binomialverteilung durch eine F-Verteilung (s. S. 47) erhält man wegen $p = \frac{1}{2}$

$$\frac{1}{2^n}\sum_{k=0}^{k_\alpha}\binom{n}{k} = P(X \le k_\alpha) = 1 - F_{(2(k_\alpha+1);\,2(n-k_\alpha))}\left(\frac{n-k_\alpha}{k_\alpha+1}\right).$$

b) Bei großem Stichprobenumfang $n > 36$ kann die Binomialverteilung durch die Normalverteilung approximiert werden. Dann erhält man das Quantil k_α mit der Stetigkeitskorrektur aus

$$P(X \le k_\alpha) = \frac{1}{2^n}\sum_{k=0}^{k_\alpha}\binom{n}{k} \approx \Phi\left(\frac{k_\alpha + 0{,}5 - \frac{n}{2}}{0{,}5\cdot\sqrt{n}}\right) = \alpha;$$

$$k_\alpha \approx \frac{n}{2} - 0{,}5 - \frac{\sqrt{n}}{2}\cdot z_{1-\alpha} \qquad \text{(ganzzahlig abrunden).}$$

4.3.4.12. Konfidenzintervalle für Quantile stetiger Zufallsvariabler

q-Quantil ξ_q mit $P(X \le \xi_q) = F(\xi_q) = q$ (wegen der Stetigkeit);

geordnete Stichprobe $x_{(1)} \le x_{(2)} \le x_{(3)} \le \ldots \le x_{(n)}$

m_u maximal mit $\sum_{i=0}^{m_u-1}\binom{n}{i}\cdot q^i\cdot(1-q)^{n-i} \le \alpha_1$

m_o minimal mit $\sum_{i=m_o}^{n}\binom{n}{i}\cdot q^i\cdot(1-q)^{n-i} \le \alpha_2$

Konfidenzintervalle für ξ_q zum Konfidenzniveau $\ge \gamma = 1-\alpha$

zweiseitige Konfidenzintervalle

$[x_{(m_u)}\,;\,x_{(m_o)}]$ mit $\alpha_1 = \alpha_2 = \frac{1-\gamma}{2} = \frac{\alpha}{2}$

einseitige Konfidenzintervalle

$[x_{(m_u)}\,;\,\infty)$ mit $\alpha_1 = 1-\gamma$; $(-\infty;\,x_{(m_o)}]$ mit $\alpha_2 = 1-\gamma$.

Berechnung der Grenzen

a) Bei kleinem n müssen die kritischen Grenzen direkt aus der Binomialverteilung bestimmt werden. Mit der Darstellung der Binomialverteilung durch eine F-Verteilung (s. S. 47) erhält man

$$\sum_{i=0}^{r}\binom{n}{i}\cdot q^i\cdot(1-q)^{n-i} = 1 - F_{(2(r+1);\,2(n-r))}\left(\frac{n-r}{r+1}\cdot\frac{q}{1-q}\right).$$

b) Für $nq(1-q) > 9$ kann die Normalverteilungsapproximation benutzt werden mit

$$\sum_{i=0}^{r}\binom{n}{i}\cdot q^i\cdot(1-q)^{n-i} \approx \Phi\left(\frac{r+0{,}5-nq}{\sqrt{nq(1-q)}}\right).$$

4.4. Parametertests

4.4.1. Grundlagen

ϑ sei ein unbekannter Parameter.

Nullhypothesen und Alternativen

Die Parametermenge (Menge aller möglichen Parameter) wird disjunkt zerlegt in den "Nullhypothesenbereich" Θ_0 und den "Alternativenbereich Θ_1 mit

$\Theta = \Theta_0 \cup \Theta_1$; $\Theta_0 \cap \Theta_1 = \emptyset$.

Nullhypothese $H_0: \vartheta \in \Theta_0$; **Alternative** $H_1: \vartheta \in \Theta_1 = \Theta \setminus \Theta_0$

$\Theta_0 = \{\vartheta_0\}$	H_0 heißt einfach
H_0 nicht einfach	H_0 heißt zusammengesetzt
$H_0: \vartheta = \vartheta_0 \quad H_1: \vartheta \neq \vartheta_0$	zweiseitiger Test
$H_0: \vartheta \leq \vartheta_0 \quad H_1: \vartheta > \vartheta_0$	einseitiger Test
$H_0: \vartheta \geq \vartheta_0 \quad H_1: \vartheta < \vartheta_0$	einseitiger Test

Signifikanztest (Testdurchführung)

1. Aufstellung der Nullhypothese H_0 und der Alternative H_1.
2. Angabe einer geeigneten Testfunktion

   $T = g_n(X_1, X_2, \ldots, X_n)$.

   Für jedes $\vartheta \in \Theta_0$ muss die Verteilung von T bekannt sein.
3. Vorgabe des (maximalen) Signifikanzniveaus (Testniveaus) α mit $0 < \alpha < 1$. Häufig wählt man $\alpha = 0{,}05$ oder $\alpha = 0{,}01$.
   α ist die obere Schranke für das tatsächliche Signifikanzniveau.
4. Bestimmung eines möglichst großen Ablehnungsbereichs (kritischen Bereichs) K mit

   $P(T \in K | \vartheta) \leq \alpha$ für alle $\vartheta \in \Theta_0$.
5. Testentscheidung: Falls die aus der Stichprobe berechnete Realisierung $t_{ber} = g_n(x_1, x_2, \ldots, x_n)$ der Testfunktion T im kritischen Bereich K liegt, wird die Nullhypothese H_0 abgelehnt und die Alternative H_1 angenommen, sonst kann H_0 nicht abgelehnt werden.

Fehlentscheidungen und Irrtumswahrscheinlichkeiten

H_0 wird zu Unrecht abgelehnt	Fehler 1. Art
$\alpha(\vartheta) = P(T \in K \mid \vartheta), \vartheta \in \Theta_0$	Irrtumswahrscheinlichkeit 1. Art, falls ϑ der wahre Parameter ist
$\sup\limits_{\vartheta \in \Theta_0} \alpha(\vartheta) = \alpha^* \leq \alpha$	α^* tatsächliches Signifikanzniveau (Testniveau)
H_0 wird zu Unrecht nicht abgelehnt	Fehler 2. Art
$\beta(\vartheta) = P(T \notin K \mid \vartheta) = 1 - P(T \in K \mid \vartheta), \vartheta \in \Theta_1$	Irrtumswahrscheinlichkeit 2. Art, falls ϑ der wahre Parameter ist

Im Falle einer Nichtablehnung von H_0 sollte die Nullhypothese nicht ohne weiteres angenommen werden, da die Irrtumswhrscheinlichkeit 2. Art sehr groß sein kann (bis zu $1-\alpha$).

Gütefunktion und Operationscharakteristik

$g(\vartheta) = P(T \in K \mid \vartheta)$ für $\vartheta \in \Theta$	g heißt Gütefunktion des Tests
$\alpha(\vartheta) = g(\vartheta)$ für $\vartheta \in \Theta_0$	
$\beta(\vartheta) = 1 - g(\vartheta)$ für $\vartheta \in \Theta_1$	
$L(\vartheta) = 1 - g(\vartheta)$	L heißt Operationscharakteristik
$\alpha(\vartheta)$ für $\vartheta \in \Theta_0 = \{\vartheta \leq \vartheta_0\}$ in ϑ monoton wachsend und stetig	$\Rightarrow \alpha(\vartheta_0) = \alpha$ Maximum an der Stelle ϑ_0
$\alpha(\vartheta)$ für $\vartheta \in \Theta_0 = \{\vartheta \geq \vartheta_0\}$ in ϑ monoton fallend und stetig	$\Rightarrow \alpha(\vartheta_0) = \alpha$ Maximum an der Stelle ϑ_0
$\beta(\vartheta) \approx 1 - \alpha$ für $\vartheta \approx \vartheta_0$, $\vartheta \in \Theta_1$	falls $g(\vartheta)$ stetig ist
$g(\vartheta) \geq \alpha^*$ für alle $\vartheta \in \Theta_1$	Test heißt unverfälscht
$T_n, n = 1, 2, \ldots$ mit $\lim\limits_{n\to\infty} g_n(\vartheta) = 1$ für jedes $\vartheta \in \Theta_1$	Folge T_n heißt konsistent
Für $T, \tilde{T}$ zum Niveau α^* sei $g(\vartheta) \geq \tilde{g}(\vartheta)$ für alle $\vartheta \in \Theta_1$	T heißt gleichmäßig besser als $\tilde{T}$

Stetiger Fall: Falls T eine stetige Zufallsvariable ist mit einer von ϑ abhängigen Dichte, können die Ablehnungsbereiche oft so gewählt werden, dass die Irrtumswahrscheinlichkeit 1. Art an der Grenzstelle ϑ_0 den Wert α annimmt, also mit $g(\vartheta_0) = \alpha(\vartheta_0) = \alpha$. Im Falle $\alpha(\vartheta) \leq \alpha$ für alle $\vartheta \in \Theta_0$ (Bedingung ist meistens erfüllt) ist α das tatsächliche Signifikanzniveau.
Diskreter Fall: Bei diskreten Zufallsvariablen ist nicht jedes Testniveau α erreichbar. Dann versucht man in $g(\vartheta_0) = \alpha(\vartheta_0) \leq \alpha$ möglichst nahe an α heranzukommen. $\alpha^* = \alpha(\vartheta_0) \leq \alpha$ ist das tatsächliche Signifikanzniveau.

Bestimmung der kritischen Grenzen

Zweiseitiger Test von $H_0 : \vartheta = \vartheta_0$ gegen H_1: $\vartheta \neq \vartheta_0$

c_u maximal mit $P(T < c_u \mid \vartheta = \vartheta_0) \leq \alpha_1$

c_o minimal mit $P(T > c_o \mid \vartheta = \vartheta_0) \leq \alpha_2$ mit $\alpha_1 + \alpha_2 = \alpha$

Meistens wählt man $\alpha_1 = \alpha_2 = \frac{\alpha}{2}$ (Symmetrie).

Ablehnungbereich von H_0: $K = (-\infty; c_u) \cup (c_o; +\infty)$.

Gütefunktion: $g(\vartheta) = 1 - P(c_u \leq T \leq c_o \mid \vartheta)$, $\vartheta \in \Theta$.

Einseitiger Test von $H_0 : \vartheta \leq \vartheta_0$ gegen H_1: $\vartheta > \vartheta_0$

Ablehnungsgrenze c minimal mit $P(T > c \mid \vartheta = \vartheta_0) = \alpha^* \leq \alpha$.

Ablehnungsbereich von H_0: $K = (c; \infty)$.

Gütefunktion $g(\vartheta) = P(T > c \mid \vartheta)$, $\vartheta \in \Theta$.

Falls $g(\vartheta)$ monoton wachsend ist, gilt $\alpha(\vartheta) \leq \alpha^*$ für alle $\vartheta \in \Theta_0$.
Dann ist der Test unverfälscht.

Einseitiger Test von $H_0 : \vartheta \geq \vartheta_0$ gegen H_1: $\vartheta < \vartheta_0$

Ablehnungsgrenze c maximal mit $P(T < c \mid \vartheta = \vartheta_0) = \alpha^* \leq \alpha$.

Ablehnungsbereich von H_0: $K = (-\infty; c)$.

Gütefunktion $g(\vartheta) = P(T < c \mid \vartheta)$, $\vartheta \in \Theta$.

Falls $g(\vartheta)$ monoton fallend ist, gilt $\alpha(\vartheta) \leq \alpha^*$ für alle $\vartheta \in \Theta_0$.
Dann ist der Test unverfälscht.

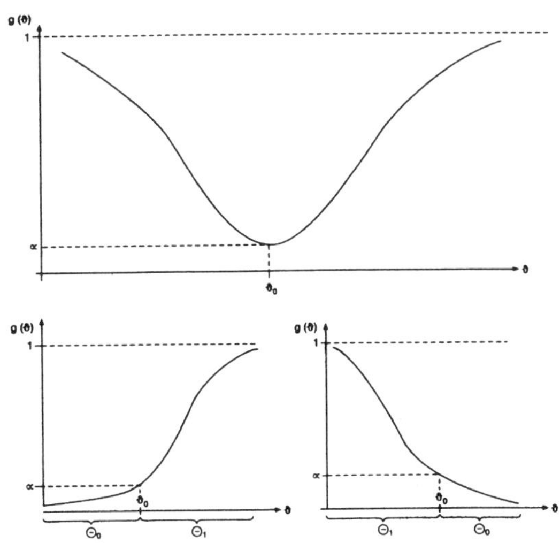

Gütefunktionen unverfälschter Tests

4.4.2. Parametertests bei Einstichprobenproblemen

Ein unbekannter Parameter ϑ soll mit Hilfe einer eindimensionalen einfachen Stichprobe $x = (x_1, x_2, \dots, x_n)$ vom Umfang n getestet werden.

4.4.2.1. Test eines Erwartungswertes μ

Voraussetzung:
Normalverteilung (exakter Test) oder $n \geq 30$ (asymptotischer Test); $(x_1, x_2, \dots, x_n)$ sei eine einfache Stichprobe.

Test bei bekannter Varianz σ_0^2

Falls μ_0 der tatsächliche Erwartungswert ist, ist die Testgröße

$Z = \frac{\overline{X} - \mu_0}{\sigma_0} \cdot \sqrt{n}$ (wenigstens näherungsweise) standardnormalverteilt mit den Realisierungen

$z_{ber} = \frac{\overline{x} - \mu_0}{\sigma_0} \cdot \sqrt{n}$

Nullhypothese H_0	Alternative H_1	Ablehnungsbereich von H_0
a) $\mu = \mu_0$	$\mu \neq \mu_0$	$\frac{\lvert\overline{x} - \mu_0\rvert}{\sigma_0} \cdot \sqrt{n} > z_{1-\frac{\alpha}{2}}$
b) $\mu \leq \mu_0$	$\mu > \mu_0$	$\frac{\overline{x} - \mu_0}{\sigma_0} \cdot \sqrt{n} > z_{1-\alpha}$
c) $\mu \geq \mu_0$	$\mu < \mu_0$	$\frac{\overline{x} - \mu_0}{\sigma_0} \cdot \sqrt{n} < -z_{1-\alpha}$

$\overline{x} = \frac{1}{n}\sum_{i=1}^{n} x_i$; Quantile der Standardnormalverteilung s. Tab. 2 S. 132.

Test bei unbekannter Varianz

Bei richtigem Parameter μ_0 ist die Testgröße

$t_{ber} = \frac{\overline{x} - \mu_0}{s} \cdot \sqrt{n}$ Realisierung einer mit $n-1$ Freiheitsgraden t-verteilten Zufallsvariablen

Nullhypothese H_0	Alternative H_1	Ablehnungsbereich von H_0
a) $\mu = \mu_0$	$\mu \neq \mu_0$	$\frac{\lvert\overline{x} - \mu_0\rvert}{s} \cdot \sqrt{n} > t_{n-1;1-\frac{\alpha}{2}}$
b) $\mu \leq \mu_0$	$\mu > \mu_0$	$\frac{\overline{x} - \mu_0}{s} \cdot \sqrt{n} > t_{n-1;1-\alpha}$
c) $\mu \geq \mu_0$	$\mu < \mu_0$	$\frac{\overline{x} - \mu_0}{s} \cdot \sqrt{n} < -t_{n-1;1-\alpha}$

$\overline{x} = \frac{1}{n}\sum_{i=1}^{n} x_i$; $\quad s^2 = \frac{1}{n-1}\sum_{i=1}^{n}(x_i - \overline{x})^2$;

Quantile der t-Verteilung mit $n-1$ Freiheitsgraden s. Tab. 3 S. 133.

4.4.2.2. Test einer Varianz σ^2

Test der Varianz σ^2 bei Normalverteilungen

Normalverteilung mit bekanntem Erwartungswert μ_0

$$\frac{n\hat{S}^2}{\sigma_0^2} = \frac{\sum_{i=1}^{n}(X_i - \mu_0)^2}{\sigma_0^2}$$

ist Chi-Quadrat-verteilt mit n Freiheitsgraden, falls σ_0^2 die tatsächliche Varianz ist

Realisierung

$$\frac{n\tilde{s}^2}{\sigma_0^2} = \frac{1}{\sigma_0^2}\sum_{i=1}^{n}(x_i - \mu_0)^2$$

Nullhypothese H_0	Alternative H_1	Ablehnungsbereich von H_0
a) $\sigma^2 = \sigma_0^2$	$\sigma^2 \neq \sigma_0^2$	$\frac{n\hat{s}^2}{\sigma_0^2} < \chi^2_{n;\frac{\alpha}{2}}$ oder $> \chi^2_{n;1-\frac{\alpha}{2}}$
b) $\sigma^2 \leq \sigma_0^2$	$\sigma^2 > \sigma_0^2$	$\frac{n\hat{s}^2}{\sigma_0^2} > \chi^2_{n;1-\alpha}$
c) $\sigma^2 \geq \sigma_0^2$	$\sigma^2 < \sigma_0^2$	$\frac{n\hat{s}^2}{\sigma_0^2} < \chi^2_{n;\alpha}$

$n\tilde{s}^2 = \sum_{i=1}^{n}(x_i - \mu_0)^2$;

Quantile der Chi-Quadrat-Verteilung mit n Freiheitsgraden s. Tab. 4 S. 135.

Normalverteilung mit unbekanntem Erwartungswert

$$\frac{(n-1)S^2}{\sigma_0^2} = \frac{\sum_{i=1}^{n}(X_i - \bar{X})^2}{\sigma_0^2}$$

ist Chi-Quadrat-verteilt mit n − 1 Freiheitsgraden, falls σ_0^2 die Varianz ist

Realisierung

$$\frac{(n-1)s^2}{\sigma_0^2} = \frac{1}{\sigma_0^2}\sum_{i=1}^{n}(x_i - \bar{x})^2 .$$

Nullhypothese H_0	Alternative H_1	Ablehnungsbereich von H_0
a) $\sigma^2 = \sigma_0^2$	$\sigma^2 \neq \sigma_0^2$	$\frac{(n-1)s^2}{\sigma_0^2} < \chi^2_{n-1;\frac{\alpha}{2}}$ oder $> \chi^2_{n-1;1-\frac{\alpha}{2}}$
b) $\sigma^2 \leq \sigma_0^2$	$\sigma^2 > \sigma_0^2$	$\frac{(n-1)s^2}{\sigma_0^2} > \chi^2_{n-1;1-\alpha}$
c) $\sigma^2 \geq \sigma_0^2$	$\sigma^2 < \sigma_0^2$	$\frac{(n-1)s^2}{\sigma_0^2} < \chi^2_{n-1;\alpha}$

$(n-1)s^2 = \sum_{i=1}^{n}(x_i - \bar{x})^2$; Quantile der Chi-Quadrat-Verteilung mit n − 1 Freiheitsgraden s. Tab. 4 S. 135.

Asymptotischer Test einer Varianz σ^2 ohne Normalverteilungsannahme

n groß $\Rightarrow$

$$z_{ber} = \frac{s^2 - \sigma_0^2}{\sqrt{\frac{m_4 - s^4}{n}}} \quad \text{mit} \quad m_4 = \frac{1}{n}\sum_{i=1}^{n}(x_i - \bar{x})^4, \quad s^2 = \frac{1}{n-1}\sum_{i=1}^{n}(x_i - \bar{x})^2$$

ist Realisierung einer näherungsweise standardnormalverteilten Zufallsvariablen, falls σ_0^2 die tatsächliche Varianz ist.

Nullhypothese H_0	Alternative H_1	Ablehnungsbereich von H_0
a) $\sigma^2 = \sigma_0^2$	$\sigma^2 \neq \sigma_0^2$	$\lvert z_{ber} \rvert > z_{1-\frac{\alpha}{2}}$
b) $\sigma^2 \leq \sigma_0^2$	$\sigma^2 > \sigma_0^2$	$z_{ber} > z_{1-\alpha}$
c) $\sigma^2 \geq \sigma_0^2$	$\sigma^2 < \sigma_0^2$	$z_{ber} < -z_{1-\alpha}$

z_{ber} s. o.; Quantile der Standardnormalverteilung s. Tab. 2 S. 132.

4.4.2.3. Test einer Wahrscheinlichkeit p

$p = P(A)$ sei eine unbekannte Wahrscheinlichkeit.

Asymptotischer Test von p bei großem Stichprobenumfang

Voraussetzung: $n\,p_0(1-p_0) > 9$ (Normalverteilungsapproximation)

$$Z = \frac{R_n(A) - p_0}{\sqrt{p_0(1-p_0)}} \cdot \sqrt{n}\,,$$

$R_n(A)$ = Zufallsvariable der relativen Häufigkeit von A in einer Serie vom Umfang n

Z ist asymptotisch standardnormalverteilt, falls $p = p_0$ richtig ist.

Nullhypothese H_0	Alternative H_1	Ablehnungsbereich von H_0
a) $p = p_0$	$p \neq p_0$	$\left\lvert \frac{r_n - p_0}{\sqrt{p_0(1-p_0)}} \cdot \sqrt{n} \right\rvert > z_{1-\frac{\alpha}{2}}$
b) $p \leq p_0$	$p > p_0$	$\frac{r_n - p_0}{\sqrt{p_0(1-p_0)}} \cdot \sqrt{n} > z_{1-\alpha}$
c) $p \geq p_0$	$p < p_0$	$\frac{r_n - p_0}{\sqrt{p_0(1-p_0)}} \cdot \sqrt{n} < -z_{1-\alpha}$

r_n = relative Häufigkeit von A in einer unabhängigen Versuchsserie vom Umfang n; Quantile der Standardnormalverteilung s. Tab. 2 S. 132.

Test von p bei kleinem Stichprobenumfang

$k_u = k_u(\alpha)$ maximal mit $\sum_{k=0}^{k_u - 1} \binom{n}{k} \cdot p_0^k \cdot (1 - p_0)^{n-k} \leq \alpha$

$k_o = k_o(\alpha)$ minimal mit $\sum_{k=k_o+1}^{n} \binom{n}{k} \cdot p_0^k \cdot (1 - p_0)^{n-k} \leq \alpha$

Nullhypothese H_0	Alternative H_1	Ablehnungsbereich von H_0
a) $p = p_0$	$p \neq p_0$	$h_n < k_u(\frac{\alpha}{2})$ oder $h_n > k_o(\frac{\alpha}{2})$
b) $p \leq p_0$	$p > p_0$	$h_n > k_o(\alpha)$
c) $p \geq p_0$	$p < p_0$	$h_n < k_u(\alpha)$

h_n = absolute Häufigkeit von A; k_u, k_o s. o.

Exakte Signifikanzniveaus α^* für die einzelnen Tests:

a) $\alpha^* = \sum_{k=0}^{k_u - 1} \binom{n}{k} \cdot p_0^k \cdot (1 - p_0)^{n-k} + \sum_{k=k_o+1}^{n} \binom{n}{k} \cdot p_0^k \cdot (1 - p_0)^{n-k} \leq \alpha$

b) $\alpha^* = \sum_{k=k_o+1}^{n} \binom{n}{k} \cdot p_0^k \cdot (1 - p_0)^{n-k} \leq \alpha$

c) $\alpha^* = \sum_{k=0}^{k_u - 1} \binom{n}{k} \cdot p_0^k \cdot (1 - p_0)^{n-k} \leq \alpha$.

Berechnung der Ablehnungsgrenzen mit der F-Verteilung (s. S. 47):

$$\sum_{k=0}^{k_u - 1} \binom{n}{k} \cdot p_0^k \cdot (1-p_0)^{n-k} = 1 - F_{(2k_u\,;\,2(n-k_u+1))}\left(\frac{n - k_u + 1}{k_u} \cdot \frac{p_0}{1 - p_0}\right)$$

$$\sum_{k=k_o+1}^{n} \binom{n}{k} \cdot p_0^k \cdot (1 - p_0)^{n-k} = F_{(2(k_o+1)\,;\,2(n-k_0))}\left(\frac{n - k_o}{k_o + 1} \cdot \frac{p_0}{1 - p_0}\right).$$

4.4.2.4. Test des Parameters λ einer Poisson-Verteilung

Asymptotischer Test

Voraussetzung: $n \cdot \lambda_0 > 9$ (Normalverteilungsapproximation)

Nullhypothese H_0	Alternative H_1	Ablehnungsbereich von H_0
a) $\lambda = \lambda_0$	$\lambda \neq \lambda_0$	$\frac{\lvert \bar{x} - \lambda_0 \rvert}{\sqrt{\lambda_0}} \cdot \sqrt{n} > z_{1-\frac{\alpha}{2}}$
b) $\lambda \leq \lambda_0$	$\lambda > \lambda_0$	$\frac{\bar{x} - \lambda_0}{\sqrt{\lambda_0}} \cdot \sqrt{n} > z_{1-\alpha}$
c) $\lambda \geq \lambda_0$	$\lambda < \lambda_0$	$\frac{\bar{x} - \lambda_0}{\sqrt{\lambda_0}} \cdot \sqrt{n} < -z_{1-\alpha}$

$\bar{x} = \frac{1}{n}\sum_{i=1}^{n} x_i$; Quantile der Standardnormalverteilung s. Tab. 2 S. 132.

Exakter Test bei kleinem Stichprobenumfang n

$k_u = k_u(\alpha)$ maximal mit

$$\alpha \geq \sum_{k=0}^{k_u - 1} \frac{(n \cdot \lambda_0)^k}{k!} \cdot e^{-n \cdot \lambda_0} = 1 - P\left(\chi^2_{2k_u} \leq 2n \cdot \lambda_0\right) \quad \text{(s. S. 48).}$$

$k_o = k_o(\alpha)$ minimal mit

$$\alpha \geq \sum_{k=k_o+1}^{\infty} \frac{(n \cdot \lambda_0)^k}{k!} \cdot e^{-n \cdot \lambda_0} = 1 - \sum_{k=0}^{k_o} \frac{(n \cdot \lambda_0)^k}{k!} \cdot e^{-n \cdot \lambda_0} = P\left(\chi^2_{2(k_o+1)} \leq 2n \cdot \lambda_0\right)$$

(Chi-Quadrat-Verteilungen mit den angegebenen Freiheitsgraden)

Nullhypothese H_0	Alternative H_1	Ablehnungsbereich von H_0
a) $\lambda = \lambda_0$	$\lambda \neq \lambda_0$	$n\bar{x} < k_u(\frac{\alpha}{2})$ oder $n\bar{x} > k_o(\frac{\alpha}{2})$
b) $\lambda \leq \lambda_0$	$\lambda > \lambda_0$	$n\bar{x} > k_o(\alpha)$
c) $\lambda \geq \lambda_0$	$\lambda < \lambda_0$	$n\bar{x} < k_u(\alpha)$

$n\bar{x} = \sum_{i=1}^{n} x_i$ (ganzzahlig); k_u, k_o s. o.

4.4.2.5. Test des Parameters λ einer Exponentialverteilung

Exakter Test aus n Realisierungen

$X_1, X_2, \ldots, X_n$ unabhängig, exponentialverteilt mit dem Parameter λ

$$\Rightarrow 2\lambda \cdot \sum_{i=1}^{n} X_i = 2\lambda \cdot n \cdot \bar{X}$$

ist Chi-Quadrat-verteilt mit 2n Freiheitsgraden (s. S. 57)

Nullhypothese H_0	Alternative H_1	Ablehnungsbereich von H_0
a) $\lambda = \lambda_0$	$\lambda \neq \lambda_0$	$2\lambda_0 n\bar{x} < \chi^2_{2n;\frac{\alpha}{2}}$ oder $> \chi^2_{2n;1-\frac{\alpha}{2}}$
b) $\lambda \leq \lambda_0$	$\lambda > \lambda_0$	$2\lambda_0 n\bar{x} < \chi^2_{2n;\alpha}$
c) $\lambda \geq \lambda_0$	$\lambda < \lambda_0$	$2\lambda_0 n\bar{x} > \chi^2_{2n;1-\alpha}$

$n\bar{x} = \sum_{i=1}^{n} x_i$; Quantile der Chi-Quadrat-Verteilung mit 2n Freiheitsgraden s. Tab. 4 S. 135.

Asymptotischer Test mit Hilfe der Normalverteilungsapproximation

n groß ($n \geq 30$) $\Rightarrow$

$\sqrt{n} \cdot (\lambda_0 \cdot \overline{X} - 1)$ ist näherungsweise standardnormalverteilt, falls λ_0 der tatsächliche Parameterwert ist

Nullhypothese H_0	Alternative H_1	Ablehnungsbereich von H_0
a) $\lambda = \lambda_0$	$\lambda \neq \lambda_0$	$\sqrt{n} \cdot \lvert \lambda_0 \cdot \overline{x} - 1 \rvert > z_{1-\frac{\alpha}{2}}$
b) $\lambda \leq \lambda_0$	$\lambda > \lambda_0$	$\sqrt{n} \cdot (\lambda_0 \cdot \overline{x} - 1) > z_{1-\alpha}$
c) $\lambda \geq \lambda_0$	$\lambda < \lambda_0$	$\sqrt{n} \cdot (\lambda_0 \cdot \overline{x} - 1) < -z_{1-\alpha}$

$n\overline{x} = \sum_{i=1}^{n} x_i$; Quantile der Standardnormalverteilung s. Tab 2. S. 132.

4.4.2.6. Vorzeichen-Test

Für eine beliebige Zufallsvariable D soll eine der Nullhypothesen

$P(D > 0) = P(D < 0)$; $P(D > 0) \leq P(D < 0)$ oder $P(D > 0) \geq P(D < 0)$

getestet werden. Dabei gilt im stetigen Fall $P(D > 0) = P(D \geq 0)$.

Vorzeichen-Test bei stetigen Zufallsvariablen (ohne Bindungen)

Wegen der Stetigkeit gilt $P(D = 0) = 0$. Bei richtiger Nullhypothese

H_0: $P(D > 0) = P(D < 0) = \frac{1}{2}$

ist die Zufallsvariable V_n^+ der Anzahl der positiven Stichprobenwerte d_i in einer Stichprobe vom Umfang n binomialverteilt mit den Parametern n und $p = 0{,}5$.

k_α maximal mit $\sum_{k=0}^{k_\alpha - 1} \binom{n}{k} \cdot \frac{1}{2^n} = 1 - F_{(2k_\alpha, 2(n-k_\alpha+1))}\left(\frac{n - k_\alpha + 1}{k_\alpha}\right) \leq \alpha$

Nullhypothese H_0	Alternative H_1	Ablehnungsber. von H_0
a) $P(D > 0) = P(D < 0)$	$P(D > 0) \neq P(D < 0)$	$v_n^+ < k_{\frac{\alpha}{2}}$ oder $v_n^+ > n - k_{\frac{\alpha}{2}}$
b) $P(D > 0) \leq P(D < 0)$	$P(D > 0) > P(D < 0)$	$v_n^+ > n - k_\alpha$
c) $P(D > 0) \geq P(D < 0)$	$P(D > 0) < P(D < 0)$	$v_n^+ < k_\alpha$

v_n^+ = Anzahl der positiven Stichprobenwerte d_i (Realisierungen von D);

alle Stichprobenwerte $d_i \neq 0$; k_α, $k_{\frac{\alpha}{2}}$ s. o.; Signifikanzniveau $\leq \alpha$.

Quantile aus der Normalverteilungsapproximation

Für $n > 36$ ist im Falle $P(D > 0) = \frac{1}{2}$ die Testgröße V_n^+ näherungsweise normalverteilt mit $E(V_n^+) = \frac{n}{2}$; $\operatorname{Var}(V_n^+) = \frac{n}{4}$.

$$P(V_n^+ < k_\alpha) = \frac{1}{2^n} \sum_{k=0}^{k_\alpha - 1} \binom{n}{k} \approx \Phi\left(\frac{k_\alpha - 0{,}5 - \frac{n}{2}}{0{,}5 \cdot \sqrt{n}} \right) = \alpha;$$

$k_\alpha \approx \frac{n}{2} + 0{,}5 - \frac{\sqrt{n}}{2} \cdot z_{1-\alpha}$ (ganzzahlig abrunden).

Vorzeichen-Test bei diskreten Zufallsvariablen (mit Bindungen)

Bei diskreten Verteilungen kann die Wahrscheinlichkeit $P(D = 0)$ von 0 verschieden sein. In diesem Fall kann die Nullhypothese

H_0: $P(D > 0) = P(D < 0)$

zwei- und einseitig getestet werden. Es empfiehlt sich, alle verschwindenden Stichprobenwerte d_i wegzulassen und mit der Reststichprobe mit dem reduzierten Stichprobenumfang den obigen Test durchzuführen. Dann bleibt der Test **konservativ**, d. h. die Irrtumswahrscheinlichkeit 1. Art wird dadurch nicht vergrößert. Durch das Weglassen der Bindungen erhält man die bedingten Wahrscheinlichkeiten

$$P(D > 0 \mid D \neq 0) = P(D < 0 \mid D \neq 0) = \frac{1}{2}.$$

Diese Eigenschaft rechtfertigt die Anwendung des Vorzeichentests für stetige Zufallsvariablen auf die restliche Stichprobe.

4.4.2.7. Test des Medians einer stetigen Zufallsvariablen

$$P(X \geq \tilde{\mu}_0) = P(X \leq \tilde{\mu}_0) = \frac{1}{2} \quad \Leftrightarrow \quad P(X - \tilde{\mu}_0 \geq 0) = P(X - \tilde{\mu}_0 \leq 0) = \frac{1}{2},$$

falls $\tilde{\mu}_0$ der Median ist.

Auf $D = X - \tilde{\mu}_0$ wird der Vorzeichentest angewandt.

Nullhypothese H_0	Alternative H_1	Ablehnungsbereich von H_0
a) $\tilde{\mu} = \tilde{\mu}_0$	$\tilde{\mu} \neq \tilde{\mu}_0$	$v_n^+ < k_{\frac{\alpha}{2}}$ oder $v_n^+ > n - k_{\frac{\alpha}{2}}$
b) $\tilde{\mu} \leq \tilde{\mu}_0$	$\tilde{\mu} > \tilde{\mu}_0$	$v_n^+ > n - k_\alpha$
c) $\tilde{\mu} \geq \tilde{\mu}_0$	$\tilde{\mu} < \tilde{\mu}_0$	$v_n^+ < k_\alpha$

v_n^+ = Anzahl der Stichprobenwerte x_i mit $x_i > \tilde{\mu}$; k_α s. S. 105/106 .

4.4.2.8. Test eines Quantils einer stetigen Zufallsvariablen

Für $0 < q < 1$ ist x_0 das q-Quantil ξ_q, wenn gilt

$$P(X < x_0) = P(X \leq x_0) = F(x_0) = F(\xi_q) = q.$$

F soll in einer Umgebung von q streng monoton wachsend sein

$$\xi_q < x_0 \quad \Leftrightarrow \quad P(X \leq x_0) = F(x_0) > q;$$

$$\xi_q > x_0 \quad \Leftrightarrow \quad P(X \leq x_0) = F(x_0) < q.$$

Beim Test werden zunächst alle Stichprobenwerte (Bindungen), die mit x_0 übereinstimmen, weggelassen. Der reduzierte Stichprobenumfang wird wieder mit n bezeichnet. In der reduzierten Stichprobe sei v_n^- die Anzahl der Stichprobenwerte, die kleiner als x_0 sind, deren Differenzen $x_i - x_0$ also negativ sind.

$$k_u = k_u(\alpha) \text{ maximal mit } \sum_{k=0}^{k_u-1} \binom{n}{k} \cdot q^k \cdot (1-q)^{n-k} = 1 - F_{(2k_u,\, 2(n-k_u+1))}\left(\frac{n-k_u+1}{k_u} \cdot \frac{q}{1-q}\right) \leq \alpha;$$

$$k_o = k_o(\alpha) \text{ minimal mit } \sum_{k=k_o+1}^{n} \binom{n}{k} \cdot q^k \cdot (1-q)^{n-k} = F_{(2(k_o+1),\, 2(n-k_o))}\left(\frac{n-k_o}{k_o+1} \cdot \frac{q}{1-q}\right) \leq \alpha$$

Nullhypothese H_0	Alternative H_1	Ablehnungsbereich von H_0
a) $\xi_q = x_0$	$\xi_q \neq x_0$	$v_n^- < k_u(\frac{\alpha}{2})$ oder $v_n^- > k_o(\frac{\alpha}{2})$
b) $\xi_q \leq x_0$	$\xi_q > x_0$	$v_n^- < k_u(\alpha)$
c) $\xi_q \geq x_0$	$\xi_q < x_0$	$v_n^- > k_0(\alpha)$

v_n^- = Anzahl der Stichprobenwerte x_i, die kleiner als x_0 sind;

$k_u(\alpha)$, $k_0(\alpha)$ s. o.

Normalverteilungsapproximation für $n \cdot q \cdot (1-q) > 9$

$$\sum_{k=0}^{m} \binom{n}{k} \cdot q^k \cdot (1-q)^{n-k} \approx \Phi\left(\frac{m + 0{,}5 - n \cdot q}{\sqrt{n \cdot q \cdot (1-q)}}\right) = \alpha;$$

$m \approx n \cdot q - 0{,}5 - \sqrt{n \cdot q \cdot (1-q)} \cdot z_{1-\alpha}$ (ganzzahlig abrunden);

Quantile der Standardnormalverteilung s. Tab. 2 S. 132.

4.4.3. Parametertests bei Zweistichprobenproblemen

Zur Testdurchführung wird entweder eine zweidimensionale (verbundene) Stichprobe $(x, y) = ((x_1, y_1), (x_2, y_2), \ldots, (x_n, y_n))$ vom Umfang n benutzt oder zwei unabhängige (nichtverbundene) Stichproben $x = (x_1, x_2, \ldots, x_{n_1})$ und $y = (y_1, y_2, \ldots, y_{n_2})$ mit den Umfängen n_1, n_2.

4.4.3.1. Test des Korrelationskoeffizienten ρ bei Normalverteilungen

(X, Y) sei normalverteilt mit dem Korrelationskoeffizienten ρ.

Test von $\rho = 0$ (Test auf Unabhängigkeit)

$$T = \sqrt{n-2} \cdot \frac{R_n}{\sqrt{1 - R_n^2}} \quad \text{mit } R_n = \frac{\sum_{i=1}^{n}(X_i - \overline{X})(Y_i - \overline{Y})}{\sqrt{\left(\sum_{i=1}^{n}(X_i - \overline{X})^2\right) \cdot \left(\sum_{i=1}^{n}(Y_i - \overline{Y})^2\right)}}$$

ist für $\rho = 0$ t-verteilt mit $n - 2$ Freiheitsgraden.

Nullhypothese H_0	Alternative H_1	Ablehnungsbereich von H_0
a) $\rho = 0$	$\rho \neq 0$	$\sqrt{n-2} \cdot \frac{\lvert r \rvert}{\sqrt{1 - r^2}} > t_{n-2;1-\frac{\alpha}{2}}$
b) $\rho \leq 0$	$\rho > 0$	$\sqrt{n-2} \cdot \frac{r}{\sqrt{1 - r^2}} > t_{n-2;1-\alpha}$
c) $\rho \geq 0$	$\rho < 0$	$\sqrt{n-2} \cdot \frac{r}{\sqrt{1 - r^2}} < -t_{n-2;1-\alpha}$

r = Korrelationskoeffizient der zweidimensionalen Stichprobe (x, y);
Quantile der t-Verteilung mit $n - 2$ Freiheitsgraden s. Tab. 3 S. 133.

Asymptotischer Test von ρ mit der Fisher-Transformation

Falls $|\rho|$ nicht zu große Werte annimmt, ist für $n \geq 50$

$$\frac{\sqrt{n-3}}{2} \cdot \left(\ln \frac{1 + R_n}{1 - R_n} - \ln \frac{1 + \rho}{1 - \rho}\right), \; R_n \text{ s. o.}$$

näherungsweise N (0; 1)-verteilt, falls ρ der Korrelationskoeffizient ist.

Nullhypothese H_0	Alternative H_1	Ablehnungsbereich von H_0
a) $\rho = \rho_0$	$\rho \neq \rho_0$	$\frac{\sqrt{n-3}}{2} \left\lvert \ln \frac{1+r}{1-r} - \ln \frac{1+\rho_0}{1-\rho_0} \right\rvert > z_{1-\frac{\alpha}{2}}$
b) $\rho \leq \rho_0$	$\rho > \rho_0$	$\frac{\sqrt{n-3}}{2} \left(\ln \frac{1+r}{1-r} - \ln \frac{1+\rho_0}{1-\rho_0}\right) > z_{1-\alpha}$
c) $\rho \geq \rho_0$	$\rho < \rho_0$	$\frac{\sqrt{n-3}}{2} \left(\ln \frac{1+r}{1-r} - \ln \frac{1+\rho_0}{1-\rho_0}\right) < -z_{1-\alpha}$

r = Korrelationskoeffizient der zweidimensionalen Stichprobe (x, y).
Quantile des Standardnormalverteilung s. Tab. 2 S. 132.

4.4.3.2. Test der Differenz zweier Erwartungswerte

$E(X) = \mu_X$; $E(Y) = \mu_Y$; Voraussetzung: Normalverteilung oder Stichprobenumfänge ≥ 30 (Normalverteilungsapproximation).

Test bei verbundenen Stichproben

$(x, y) = ((x_1, y_1), (x_2, y_2), \ldots, (x_n, y_n))$;

$$Z = \frac{\overline{X} - \overline{Y} - d}{S_{X-Y}} \cdot \sqrt{n} \quad \text{mit} \quad S^2_{X-Y} = \frac{1}{n-1} \sum_{i=1}^{n} (X_i - Y_i - \overline{X} + \overline{Y})^2$$

ist für $\mu_X - \mu_Y = d \in \mathbb{R}$ (näherungsweise) t-verteilt mit $n-1$ FG.

Nullhypothese H_0	Alternative H_1	Ablehnungsbereich von H_0
a) $\mu_X - \mu_Y = d$	$\mu_X - \mu_Y \neq d$	$\frac{\lvert\overline{x} - \overline{y} - d\rvert}{s_{x-y}} \cdot \sqrt{n} > t_{n-1;1-\frac{\alpha}{2}}$
b) $\mu_X - \mu_Y \leq d$	$\mu_X - \mu_Y > d$	$\frac{\overline{x} - \overline{y} - d}{s_{x-y}} \cdot \sqrt{n} > t_{n-1;1-\alpha}$
c) $\mu_X - \mu_Y \geq d$	$\mu_X - \mu_Y < d$	$\frac{\overline{x} - \overline{y} - d}{s_{x-y}} \cdot \sqrt{n} < -t_{n-1;1-\alpha}$

d = beliebige Konstante; $d = 0$: Test auf Gleichheit der Erwartungswerte

$$\overline{x} - \overline{y} = \frac{1}{n} \sum_{i=1}^{n} (x_i - y_i); \quad s^2_{x-y} = \frac{1}{n-1} \sum_{i=1}^{n} (x_i - y_i - \overline{x} + \overline{y})^2;$$

Quantile der t-Verteilung mit $n-1$ Freiheitsgraden s. Tab. 3 S. 133.

Test bei nichtverbundenen (unabhängigen) Stichproben

Test bei bekannten Varianzen

$\mathrm{Var}(X) = \sigma^2_X$ und $\mathrm{Var}(Y) = \sigma^2_Y$ seien bekannt. X, Y unabhängig.

Nullhypothese H_0	Alternative H_1	Ablehnungsbereich von H_0
a) $\mu_X - \mu_Y = d$	$\mu_X - \mu_Y \neq d$	$\lvert z_{ber} \rvert > z_{1-\frac{\alpha}{2}}$
b) $\mu_X - \mu_Y \leq d$	$\mu_X - \mu_Y > d$	$z_{ber} > z_{1-\alpha}$
c) $\mu_X - \mu_Y \geq d$	$\mu_X - \mu_Y < d$	$z_{ber} < -z_{1-\alpha}$

d = beliebige Konstante; $d = 0$: Test auf Gleichheit der Erwartungswerte

$$z_{ber} = \frac{\overline{x} - \overline{y} - d}{\sqrt{\frac{\sigma^2_X}{n_1} + \frac{\sigma^2_Y}{n_2}}}; \quad \overline{x} = \frac{1}{n_1} \sum_{i=1}^{n_1} x_i; \quad \overline{y} = \frac{1}{n_2} \sum_{j=1}^{n_2} y_j$$

Quantile der Standardnormalverteilung s. Tab. 2 S. 132.

Test bei unbekannten, aber gleichen Varianzen

$\sigma_X^2 = \sigma_Y^2 = \sigma^2$ (σ^2 unbekannt)

Nullhypothese H_0	Alternative H_1	Ablehnungsbereich von H_0
a) $\mu_X - \mu_Y = d$	$\mu_X - \mu_Y \neq d$	$\lvert t_{ber} \rvert > t_{n_1+n_2-2;1-\frac{\alpha}{2}}$
b) $\mu_X - \mu_Y \leq d$	$\mu_X - \mu_Y > d$	$t_{ber} > t_{n_1+n_2-2;1-\alpha}$
c) $\mu_X - \mu_Y \geq d$	$\mu_X - \mu_Y < d$	$t_{ber} < -t_{n_1+n_2-2;1-\alpha}$

$d \in \mathbb{R}$ (d beliebige Konstante);

$d = 0$: Test auf Gleichheit der beiden Erwartungswerte

$$t_{ber} = \frac{\bar{x} - \bar{y} - d}{\sqrt{(n_1 - 1)s_x^2 + (n_2 - 1)s_y^2}} \cdot \sqrt{\frac{n_1 n_2 (n_1 + n_2 - 2)}{n_1 + n_2}}$$

$$\bar{x} = \frac{1}{n_1}\sum_{i=1}^{n_1} x_i; \quad \bar{y} = \frac{1}{n_2}\sum_{j=1}^{n_2} y_j;$$

$$s_x^2 = \frac{1}{n_1 - 1}\sum_{i=1}^{n_1}(x_i - \bar{x})^2; \quad s_y^2 = \frac{1}{n_2 - 1}\sum_{j=1}^{n_2}(y_j - \bar{y})^2;$$

Quantile der t-Verteilung mit $n_1 + n_2 - 2$ FG s. Tab. 3 S. 133.

Test ohne Information über die Varianzen (Behrens-Fisher-Problem)

σ_X^2, σ_Y^2 beliebig und unbekannt;

Nullhypothese H_0	Alternative H_1	Ablehnungsbereich von H_0
a) $\mu_X - \mu_Y = d$	$\mu_X - \mu_Y \neq d$	$\lvert t_{ber} \rvert > t_{\nu;1-\frac{\alpha}{2}}$
b) $\mu_X - \mu_Y \leq d$	$\mu_X - \mu_Y > d$	$t_{ber} > t_{\nu;1-\alpha}$
c) $\mu_X - \mu_Y \geq d$	$\mu_X - \mu_Y < d$	$t_{ber} < -t_{\nu;1-\alpha}$

$$d \in \mathbb{R}; \quad t_{ber} = \frac{\bar{x} - \bar{y} - d}{\sqrt{\frac{s_x^2}{n_1} + \frac{s_y^2}{n_2}}}; \quad \bar{x} - \bar{y}; \quad s_x^2,\ s_y^2 \text{ s. o.};$$

$$\nu \approx \frac{\left(\frac{s_x^2}{n_1} + \frac{s_y^2}{n_2}\right)^2}{\frac{1}{n_1 - 1}\cdot\left(\frac{s_x^2}{n_1}\right)^2 + \frac{1}{n_2 - 1}\cdot\left(\frac{s_y^2}{n_2}\right)^2} \qquad \text{(ganzzahlig runden!)}$$

Quantile der t-Verteilung mit ν Freiheitsgraden s. Tab. 3 S. 133.

4.4.3.3. Test des Quotienten der Varianzen zweier unabhängiger Normalverteilungen

$\mathrm{Var}(X) = \sigma_X^2$; $\mathrm{Var}(Y) = \sigma_Y^2$

$\frac{S_Y^2}{\sigma_Y^2} : \frac{S_X^2}{\sigma_X^2} = \frac{S_Y^2}{S_X^2} \cdot \frac{\sigma_X^2}{\sigma_Y^2}$ ist F-verteilt mit $(n_2 - 1, n_1 - 1)$ Freiheitsgraden, falls σ_Y^2 und σ_X^2 die Varianzen sind

	Nullhypothese H_0	Alternative H_1	Ablehnungsbereich von H_0
a)	$\frac{\sigma_X^2}{\sigma_Y^2} = d$	$\frac{\sigma_X^2}{\sigma_Y^2} \neq d$	$\frac{s_x^2}{s_y^2} > d \cdot f_{(n_1-1, n_2-1);\, 1-\frac{\alpha}{2}}$ oder $< \frac{d}{f_{(n_2-1, n_1-1);\, 1-\frac{\alpha}{2}}}$
b)	$\frac{\sigma_X^2}{\sigma_Y^2} \leq d$	$\frac{\sigma_X^2}{\sigma_Y^2} > d$	$\frac{s_x^2}{s_y^2} > d \cdot f_{(n_1-1, n_2-1);\, 1-\alpha}$
c)	$\frac{\sigma_X^2}{\sigma_Y^2} \geq d$	$\frac{\sigma_X^2}{\sigma_Y^2} < d$	$\frac{s_x^2}{s_y^2} < \frac{d}{f_{(n_2-1, n_1-1);\, 1-\alpha}}$

$d > 0$ (beliebige Konstante); $d = 1$: Test auf Gleichheit der Varianzen

$$s_x^2 = \frac{1}{n_1 - 1} \sum_{i=1}^{n_1} (x_i - \overline{x})^2; \qquad s_y^2 = \frac{1}{n_2 - 1} \sum_{j=1}^{n_2} (y_j - \overline{y})^2;$$

Quantile der F-Verteilung s. Tab. 5 S. 138.

4.4.3.4. Test auf Gleichheit der Wahrscheinlichkeiten einer Ereignisses A in zwei unabhängigen Grundgesamtheiten

$p_1 = P_1(A)$, $p_2 = P_2(A)$ seien die Wahrscheinlichkeiten des Ereignisses A in zwei verschiedenen unabhängigen Grundgesamtheiten.

Asymptotische ein- und zweiseitige Tests

h_i und $r_i = h_i/n_i$ seien die absoluten bzw. relativen Häufigkeiten in den beiden Versuchsserien vom Umfang n_1 und n_2 mit $n_i \cdot r_i \cdot (1 - r_i) > 9$ für $i = 1, 2$ (Normalverteilungsapproximation).

	Nullhypothese H_0	Alternative H_1	Ablehnungsbereich von H_0
a)	$p_1 = p_2$	$p_1 \neq p_2$	$\lvert z_{ber} \rvert > z_{1-\frac{\alpha}{2}}$
b)	$p_1 \leq p_2$	$p_1 > p_2$	$z_{ber} > z_{1-\alpha}$
c)	$p_1 \geq p_2$	$p_1 < p_2$	$z_{ber} < -z_{1-\alpha}$

$$z_{ber} = \frac{r_1 - r_2}{\sqrt{r_{ges} \cdot (1 - r_{ges}) \cdot \left(\frac{1}{n_1} + \frac{1}{n_2}\right)}} \quad \text{mit} \quad r_{ges} = \frac{h_1 + h_2}{n_1 + n_2};$$

r_{ges} = Schätzwert für die gemeinsame Wahrscheinlichkeit $p = p_1 = p_2$.
Quantile der Standardnormalverteilung s. Tab. 2 S. 132.

Zweiseitiger Test auf Gleichheit der Wahrscheinlichkeiten

$H_0: p_1 = p_2$; $H_1: p_1 \neq p_2$ (zweiseitiger Test) (vgl. S. 118 – 121)

1. Grundgesamtheit: Umfang n_1; h_1 = absolute Häufigkeit von A

2. Grundgesamtheit: Umfang n_2; h_2 = absolute Häufigkeit von A
mit $n = n_1 + n_2$

n < 20
Hier sollte dieser Test nicht verwendet werden.

20 ≤ n ≤ 200

Teststatistik

$$\chi^2_{\text{ber}} = \frac{n \cdot \left(\left| h_1 \cdot (n_2 - h_2) - h_2 \cdot (n_1 - h_1) \right| - \frac{n}{2} \right)^2}{n_1 \cdot n_2 \cdot (h_1 + h_2) \cdot (n - h_1 - h_2)} \quad \text{mit } n = n_1 + n_2 .$$

n > 200

$$\chi^2_{\text{ber}} = \frac{n \cdot \left(h_1 \cdot (n_2 - h_2) - h_2 \cdot (n_1 - h_1) \right)^2}{n_1 \cdot n_2 \cdot (h_1 + h_2) \cdot (n - h_1 - h_2)} \quad \text{mit } n = n_1 + n_2 ;$$

Testentscheidung: $\chi^2_{\text{ber}} > z^2_{1-\frac{\alpha}{2}} \Rightarrow H_0$ ablehnen.

Quantile der Standardnormalverteilung s. Tab. 2 S. 132.

Zwei- und einseitige Tests bei großem Stichprobenumfang

Mit den obigen Bezeichnungen benutzt man für $n > 200$ die Testgröße

$$z_{\text{ber}} = \sqrt{n} \cdot \frac{h_1 \cdot (n_2 - h_2) - h_2 \cdot (n_1 - h_1)}{\sqrt{n_1 \cdot n_2 \cdot (h_1 + h_2) \cdot (n - h_1 - h_2)}}$$

mit n_1, n_2, h_1, h_2 s. o.; $n = n_1 + n_2$ (vgl. S. 120/121).

Nullhypothese H_0	Alternative H_1	Ablehnungsbereich von H_0
a) $p_1 = p_2$	$p_1 \neq p_2$	$\lvert z_{\text{ber}} \rvert > z_{1-\frac{\alpha}{2}}$
b) $p_1 \leq p_2$	$p_1 > p_2$	$z_{\text{ber}} > z_{1-\alpha}$
c) $p_1 \geq p_2$	$p_1 < p_2$	$z_{\text{ber}} < -z_{1-\alpha}$

z_{ber} s. o.; Quantile der Standardnormalverteilung s. Tab. 2 S. 132.

4.4.4. Parametertests bei Mehrstichprobenproblemen

4.4.4.1. Test auf Gleichheit der Korrelationskoeffizienten zweier unabhängiger Normalverteilungen

(X_1, Y_1), (X_2, Y_2) seien unabhängig, jeweils zweidimensional normalverteilt mit den Korrelationskoeffizienten $\rho_1 = \rho(X_1, Y_1)$; $\rho_2 = \rho(X_2, Y_2)$. Zwei unabhängige zweidimensionale Stichproben mit dem Umfang n_1 bzw. n_2 besitzen die (empirischen) Korrelationskoeffizienten r_1 und r_2. Unter der Nullhypothese $\rho_1 = \rho_2$ ist

$$z_{ber} = \frac{\frac{1}{2}\ln\frac{1+r_1}{1-r_1} - \frac{1}{2}\ln\frac{1+r_2}{1-r_2}}{\sqrt{\frac{1}{n_1-3}+\frac{1}{n_2-3}}}$$

Realisierung einer standardnormalverteilten Zufallsvariablen.

Nullhypothese H_0	Alternative H_1	Ablehnungsbereich von H_0
a) $\rho_1 = \rho_2$	$\rho_1 \neq \rho_2$	$\lvert z_{ber}\rvert > z_{1-\frac{\alpha}{2}}$
b) $\rho_1 \leq \rho_2$	$\rho_1 > \rho_2$	$z_{ber} > z_{1-\alpha}$
c) $\rho_1 \geq \rho_2$	$\rho_1 < \rho_2$	$z_{ber} < -z_{1-\alpha}$

z_{ber} s. o.; Quantile der Standardnormalverteilung s. Tab. 2 S. 132.

Schätzwert für den gemeinsamen Korrelationskoeffizienten
Im Falle $\rho_1 = \rho_2 = \rho$ erhält man die erwartungstreue Schätzung für ρ

$$\hat{\rho} = \frac{e^{2\hat{\xi}}-1}{e^{2\hat{\xi}}+1} \quad \text{mit} \quad \hat{\xi} = \frac{(n_1-3)\frac{1}{2}\ln\frac{1+r_1}{1-r_1} + (n_2-3)\frac{1}{2}\ln\frac{1+r_2}{1-r_2}}{(n_1-3)+(n_2-3)}$$

4.4.4.2. Test auf Gleichheit der Korrelationskoeffizienten mehrerer unabhängiger Normalverteilungen

(X_i, Y_i) seien unabhängige zweidimensionale normalverteilte Zufallsvariable mit den Korrelationskoeffizienten ρ_i für $i = 1, 2, \ldots, m$.

$H_0: \rho_1 = \rho_2 = \ldots = \rho_m$; $H_1: \rho_j \neq \rho_k$ für mindestens ein Paar $j \neq k$.

Für (X_i, Y_i) liege eine zweidimensionale (verbundene) Stichprobe vom Umfang n_i vor mit den Korrelationskoeffizienten r_i für $i = 1, 2, \ldots, m$.

$$\chi^2_{ber} = \sum_{i=1}^{m}(n_i-3)\cdot u_i^2 - \frac{\left(\sum_{i=1}^{m}(n_i-3)\,u_i\right)^2}{\sum_{i=1}^{m}(n_i-3)} \quad \text{mit} \quad u_i = \frac{1}{2}\ln\frac{1+r_i}{1-r_i};$$

Testentscheidung: $\chi^2_{ber} > \chi^2_{m-1;1-\alpha} \Rightarrow H_0$ ablehnen

Quantile der Chi-Quadrat-Verteilung mit $m-1$ FG s. Tab. 4 S. 135.

Schätzung des gemeinsamen Korrelationskoeffizienten

$$\hat{\rho} = \frac{e^{2\hat{\xi}} - 1}{e^{2\hat{\xi}} + 1} \text{ mit } \hat{\xi} = \frac{\sum_{i=1}^{m} (n_i - 3) \frac{1}{2} \ln \frac{1 + r_i}{1 - r_i}}{\sum_{i=1}^{m} (n_i - 3)}, \text{ falls } \rho_i = \rho \text{ für alle i.}$$

4.4.4.3. Test auf Gleichheit der Erwartungswerte mehrerer unabhängiger Normalverteilungen

$X_1, X_2, \ldots, X_m$ seien unabhängige normalverteilte Zufallsvariablen, die alle die gleiche (unbekannte) Varianz σ^2 besitzen.

$H_0: \mu_1 = \mu_2 = \ldots = \mu_m$; $H_1: \mu_j \neq \mu_k$ für mindestens ein Paar $j \neq k$.

Stichprobe bezüglich X_i: $x_i = (x_{i1}, x_{i2}, \ldots, x_{in_i})$ für $i = 1, 2, \ldots, m$

Mittelwerte: $\bar{x}_i = \frac{1}{n_i} \sum_{j=1}^{n_i} x_{ij}$; Gesamtmittel $\bar{x} = \frac{1}{n} \sum_{i=1}^{m} \sum_{j=1}^{n_i} x_{ij} = \sum_{i=1}^{m} \frac{n_i}{n} \cdot \bar{x}_i$

Varianzen: $s_i^2 = \frac{1}{n_i - 1} \sum_{j=1}^{n_i} (x_{ij} - \bar{x}_i)^2$, $i = 1, 2, \ldots, m$

$s^2 = \frac{1}{n-m} \sum_{i=1}^{m} (n_i - 1) s_i^2$ Schätzwert für σ^2;

Testgröße $f_{ber} = \frac{n-m}{m-1} \cdot \frac{\sum_{i=1}^{m} n_i \cdot (\bar{x}_i - \bar{x})^2}{\sum_{i=1}^{m} \sum_{j=1}^{n_i} (x_{ij} - \bar{x}_i)^2} = \frac{\frac{1}{m-1} \sum_{i=1}^{m} n_i \cdot (\bar{x}_i - \bar{x})^2}{s^2}$;

Testentscheidung: $f_{ber} > f_{(m-1, n-m); 1-\alpha}$ $\Rightarrow$ H_0 ablehnen.

Quantile der F-Verteilung mit $(m-1, n-m)$ FG s. Tab. 5 S. 138.

4.4.4.4. Test auf Gleichheit der Varianzen unabhängiger Normalverteilungen - Bartlett-Test

X_i seien normalverteilt mit $Var(X_i) = \sigma_i^2$, $i = 1, \ldots, m$ und unabhängig.

$H_0: \sigma_1^2 = \sigma_2^2 = \ldots = \sigma_m^2$ $H_1: \sigma_j^2 \neq \sigma_k^2$ für mindestens ein Paar $j \neq k$.

m unabhängige Stichproben vom jeweiligen Umfang n_i mit $n = \sum_{i=1}^{m} n_i$

$x_i = (x_{i1}, \ldots, x_{in_i})$; $\bar{x}_i = \frac{1}{n_i} \sum_{j=1}^{n_i} x_{ij}$; $s_i^2 = \frac{1}{n_i - 1} \sum_{j=1}^{n_i} (x_{ij} - \bar{x}_i)^2$;

$s^2 = \frac{1}{n-m} \sum_{i=1}^{m} (n_i - 1) s_i^2$ (Schätzwert für die gemeinsame Varianz σ^2)

$$\chi^2_{ber} = \frac{1}{C} \cdot \left((n-m) \cdot \ln s^2 - \sum_{i=1}^{m} (n_i - 1) \cdot \ln s_i^2 \right)$$

mit $C = 1 + \frac{1}{3(n-1)} \left(\sum_{i=1}^{m} \frac{1}{n_i - 1} - \frac{1}{n-m} \right)$;

Testentscheidung: $\chi^2_{ber} > \chi^2_{m-1; 1-\alpha}$ $\Rightarrow$ H_0 ablehnen.

Quantile der Chi-Quadrat-Verteilung mit $m-1$ FG s. Tab. 4 S. 135.

4.4.4.5. Test auf Gleichheit der Varianzen unabhängiger stetiger Zufallsvariabler - Chi-Quadrat-Test von Scheffé

X_i mit Var $(X_i) = \sigma_i^2$ seien stetig und unabhängig für $i = 1, 2, \dots, m$.

Voraussetzung: alle Stichprobenumfänge $n_i \geq 10$; $n = \sum\limits_{i=1}^{n} n_i$

$H_0 : \sigma_1^2 = \sigma_2^2 = \dots = \sigma_m^2$; $H_1 : \sigma_j^2 \neq \sigma_k^2$ für mindestens ein Paar $j \neq k$;

$$x_i = (x_{i1}, x_{i2}, \dots, x_{in_i}); \quad \bar{x}_i = \frac{1}{n_i} \sum_{j=1}^{n_i} x_{ij}; \quad s_i^2 = \frac{1}{n_i - 1} \sum_{j=1}^{n_i} (x_{ij} - \bar{x}_i)^2$$

$i = 1, 2, \dots, m$

Gesamtmittel $\bar{x} = \frac{1}{n} \sum\limits_{i=1}^{m} \sum\limits_{j=1}^{n_i} x_{ij} = \sum\limits_{i=1}^{m} \frac{n_i}{n} \cdot \bar{x}_i$ mit $n = \sum\limits_{i=1}^{m} n_i$

$s^2 = \frac{1}{n-m} \sum\limits_{i=1}^{m} (n_i - 1) s_i^2$ Schätzwert für σ^2, falls $\sigma_i^2 = \sigma^2$ für alle i;

$\chi^2_{ber} = \frac{1}{C} \sum\limits_{i=1}^{n} (n_i - 1) \cdot (w_i - w)^2$ mit $w_i = \ln(s_i^2)$ für $i = 1, 2, \dots, m$;

$w = \frac{1}{n-m} \sum\limits_{i=1}^{m} (n_i - 1) \cdot w_i$; $n = \sum\limits_{i=1}^{m} n_i$;

$$C = 2 + \frac{n-m}{n} \left(\frac{1}{n \cdot \bar{x}^2} \sum_{i=1}^{m} \sum_{j=1}^{n_i} (x_{ij} - \bar{x}_i)^4 - 3 \right);$$

Testentscheidung: $\chi^2_{ber} > \chi^2_{m-1; 1-\alpha} \Rightarrow H_0$ ablehnen;

Quantile der Chi-Quadrat-Verteilung mit $m - 1$ FG s. Tab. 4 S. 135.

4.4.4.6. Test auf Gleichheit der Wahrscheinlichkeiten eines Ereignisses A in verschiedenen unabhängigen Grundgesamtheiten

Das gleiche Ereignis A besitze in m verschiedenen Grundgesamtheiten die Wahrscheinlichkeiten $p_i = P_i(A)$ für $i = 1, 2, \dots, m$.

$H_0 : p_1 = p_2 = \dots = p_m$; $H_1 : p_j \neq p_k$ für mindestens ein Paar $j \neq k$.

In der i-ten Grundgesamtheit werde das Experiment n_i mal unabhängig durchgeführt. Dabei trete A h_i mal ein mit $h_i \geq 5$ für $i = 1, 2, \dots, m$.

Mit $n = \sum\limits_{i=1}^{m} n_i$; $h = \sum\limits_{i=1}^{m} h_i$ erhält man die Testgröße (vgl. S. 120)

$$\chi^2_{ber} = n \cdot \left(\sum_{i=1}^{m} \frac{h_i^2}{n_i \cdot h} + \sum_{i=1}^{m} \frac{(n_i - h_i)^2}{n_i \cdot (n-h)} - 1 \right)$$

Testentscheidung: $\chi^2_{ber} > \chi^2_{m-1; 1-\alpha} \Rightarrow H_0$ ablehnen;

Quantile der Chi-Quadrat-Verteilung mit $m - 1$ FG s. Tab. 4 S. 135.

4.5. Nichtparametrische Tests

4.5.1. Chi-Quadrat-Tests

4.5.1.1. Chi-Quadrat-Test der Wahrscheinlichkeiten einer vollständigen Ereignisdisjunktion

$A_1, A_2, \ldots, A_r$ sei eine vollständige Ereignisdisjunktion mit

$$\Omega = \sum_{i=1}^{r} A_i; \quad A_j \cap A_k = \emptyset \quad \text{für } j \neq k.$$

$$H_0: P(A_1) = p_1; \; P(A_2) = p_2; \; \ldots; \; P(A_r) = p_r;$$

$p_1, p_2, \ldots, p_r$ sind hypothetisch vorgegebene Wahrscheinlichkeiten mit

$$p_i > 0 \text{ für } i = 1, 2, \ldots, r \quad \text{und} \quad \sum_{i=1}^{r} p_i = 1.$$

In einer Stichprobe vom Umfang n seien $h_1, h_2, \ldots, h_r$ die absoluten Häufigkeiten der Ereignisse $A_1, A_2, \ldots, A_r$ mit $\sum_{i=1}^{r} h_i = n$.

Bedingung: Von den erwarteten Häufigkeiten np_i dürfen höchstens 20 % kleiner als 5 sein, diese müsssen aber mindestens 1 sein. Andernfalls ist n zu vergrößern oder es müssen Ereignisse zusammengefasst werden.

$$\text{Testgröße} \quad \chi^2_{ber} = \sum_{i=1}^{r} \frac{(h_i - np_i)^2}{np_i} = \frac{1}{n} \sum_{i=1}^{r} \frac{h_i^2}{p_i} - n.$$

$$\text{Testentscheidung:} \quad \chi^2_{ber} > \chi^2_{r-1;1-\alpha} \quad \Rightarrow \quad H_0 \text{ ablehnen;}$$

Quantile der Chi-Quadrat-Verteilung mit $r-1$ FG s. Tab. 4 S. 135.

Spezialfall: $p_1 = p_2 = \ldots = p_r = \frac{1}{r}$ (Test auf Gleichheit)

$$\Rightarrow \quad \chi^2_{ber} = \frac{r}{n} \sum_{i=1}^{r} h_i^2 - n.$$

Der Chi-Quadrat-Test ist konsistent und unverfälscht.

Stetigkeitskorrektur nach Yates

Nach F. Yates wird bei der korrigierten Testgröße

$$\chi^2_{ber} = \sum_{i=1}^{r} \frac{\left(|h_i - np_i| - \frac{1}{2}\right)^2}{np_i}$$

die Chi-Quadrat-Approximation verbessert. Diese Stetigkeitskorrektur muss nur bei einem einem einzigen Freiheitsgrad, also für $r = 2$ berücksichtigt werden. Bei mehr als einem Freiheitsgrad kann auf die Korrektur verzichtet werden.

4.5.1.2. Chi-Quadrat-Anpassungstest für eine beliebige Verteilung

F sei eine unbekannte Verteilungsfunktion einer Zufallsvariablen X. Testmöglichkeiten:

a) $H_0: F = F_0; H_1: F \neq F_0$.

Dabei ist F_0 eine fest vorgegebene Verteilungsfunktion.

b) H_0: F gehört zu einer Klasse von Verteilungsfunktionen, die durch unbekannte Parameter $\theta_1, \theta_2, \ldots, \theta_m$ eindeutig bestimmt sind.

H_1: F gehört nicht zu dieser Klasse.

Testdurchführung

1. Die x-Achse (Wertemenge) wird in $r \geq 2$ disjunkte Intervalle zerlegt:

$$A_1 = (-\infty; z_1]; \; A_2 = (z_1; z_2]; \; \ldots; \; A_{r-1} = (z_{r-2}; z_{r-1}];$$

$$A_r = (z_{r-1}; +\infty) \quad \text{mit} \quad z_1 < z_2 < \ldots < z_{r-1}.$$

2. Aus einer Stichprobe vom Umfang n werden die Klassenhäufigkeiten h_i, also die Anzahl der Stichprobenwerte bestimmt, die in der Klasse A_i liegen für $i = 1, 2, \ldots, r$.

3. Für die Zufallsvariable X mit der Verteilungsfunktion F_0 werden die hypothetischen Klassenwahrscheinlichkeiten $P(X \in A_i) = p_i$ berechnet für $i = 1, 2, \ldots, r$. Im Fall b) hängen diese Klassenwahrscheinlichkeiten von den m unbekannten Parametern ab, also $p_i(\theta_1, \theta_2, \ldots, \theta_m)$.

4. Im Falle b) gibt es für die Parameterschätzung zwei Möglichkeiten:
   α) Die Parameterwerte werden so geschätzt, dass die Wahrscheinlichkeit für alle r beobachteten Klassenhäufigkeiten maximal ist (Maximum-Likelihood-Prinzip für die Klassenhäufigkeiten). Diese Werte werden in die nachfolgende Testfunktion eingesetzt.
   β) Man bestimme nach der Minimum-Chi-Quadrat-Methode die m Parameter so, dass die von den Parametern abhängige Testgröße

$$\chi^2_{ber} = \sum_{i=1}^{r} \frac{(h_i - np_i)^2}{np_i} = \frac{1}{n} \sum_{i=1}^{r} \frac{h_i^2}{p_i} - n$$

   minimal wird.

Mindestens 80% der erwarteten Klassenhäufigkeiten np_i müssen mindestens gleich 5 und die restlichen mindestens gleich 1 sein. Andernfalls müssen Klassen zusammengefasst werden.

Testentscheidung: $\chi^2_{ber} > \chi^2_{r-m-1;1-\alpha} \quad \Rightarrow \quad H_0$ ablehnen.

Quantile der Chi-Quadrat-Verteilung mit $r - m - 1$ FG s. Tab. 4 S. 135.

r = Anzahl der benutzten Klassen;
m = Anzahl der geschätzten Parameter.

4.5.1.3. Chi-Quadrat-Unabhängigkeitstest

Allgemeiner Chi-Quadrat-Unabhängigkeitstest

H_0: Die Zufallsvariablen X und Y sind unabhängig
H_1: X und Y sind nicht unabhängig

Klasseneinteilungen der beiden Wertebereiche:
von $X: S_1, S_2, \ldots, S_m$; von $Y: G_1, G_2, \ldots, G_l$

In der zweidimensionalen (verbundenen) Stichprobe

$(x, y) = ((x_1, y_1), (x_2, y_2), \ldots, (x_n, y_n))$ vom Umfang n

sei h_{jk} die Anzahl der Stichprobenpaare (x_i, y_i) mit $x_i \in S_j$ und $y_i \in G_k$. Dabei gelte $h_{jk} \geq 5$ für $j = 1, 2, \ldots, m$; $j = 1, 2, \ldots, l$. Sonst müssen Klassen zusammengelegt oder n vergrößert werden. Darstellung der absoluten Klassenhäufigkeiten in der Kontingenztafel (s. S. 15).

X	Y: G_1	G_2	...	G_k	...	G_l	Summe
S_1	h_{11}	h_{12}	...	h_{1k}	...	h_{1l}	$h_{1\cdot}$
S_2	h_{21}	h_{22}	...	h_{2k}	...	h_{2l}	$h_{2\cdot}$
$\vdots$	$\vdots$	$\vdots$		$\vdots$		$\vdots$	$\vdots$
S_j	h_{j1}	h_{j2}	...	h_{jk}	...	h_{jl}	$h_{j\cdot}$
$\vdots$	$\vdots$	$\vdots$		$\vdots$		$\vdots$	$\vdots$
S_m	h_{m1}	h_{m2}	...	h_{mk}	...	h_{ml}	$h_{m\cdot}$
Summe	$h_{\cdot 1}$	$h_{\cdot 2}$	...	$h_{\cdot k}$	...	$h_{\cdot l}$	$h_{\cdot\cdot} = n$

Testgröße

$$\chi^2_{\text{ber}} = n \cdot \left(\sum_{j=1}^{m} \sum_{k=1}^{l} \frac{h_{jk}^2}{h_{j\cdot} \cdot h_{\cdot k}} - 1 \right).$$

Testentscheidung: $\chi^2_{\text{ber}} > \chi^2_{(m-1)(l-1);1-\alpha} \Rightarrow H_0$ ablehnen

Quantile der Chi-Quadrat-Verteilung mit $(m-1) \cdot (l-1)$ Freiheitsgraden s. Tab. 4 S. 135.

Vierfeldertafel (Spezialfall $m = l = 2$)

Im Falle $m = l = 2$ gibt es insgesamt vier gemeinsame Häufigkeiten. Dann ist die Kontingenztafel eine Vierfeldertafel

	G_1	G_2	Zeilensummen
S_1	h_{11}	h_{12}	$h_{1\cdot}$
S_1	h_{21}	h_{22}	$h_{2\cdot}$
Spaltensummen	$h_{\cdot 1}$	$h_{\cdot 2}$	$h_{\cdot\cdot} = n$

n < 20:
Hier sollte der Chi-Quadrat-Test mit Hilfe der Vierfeldertafel nicht benutzt werden.

$20 \leq n \leq 200$

Nach Yates korrigierte Teststatistik

$$\chi^2_{ber} = \frac{n \cdot \left(| h_{11} \cdot h_{22} - h_{12} \cdot h_{21} | - \frac{n}{2} \right)^2}{h_{1\cdot} \cdot h_{2\cdot} \cdot h_{\cdot 1} \cdot h_{\cdot 2}}.$$

$n > 200$

Hier kann auf die Yates-Korrektur verzichtet werden mit

$$\chi^2_{ber} = \frac{n \cdot (h_{11} \cdot h_{22} - h_{12} \cdot h_{21})^2}{h_{1\cdot} \cdot h_{2\cdot} \cdot h_{\cdot 1} \cdot h_{\cdot 2}}.$$

Testentscheidung

$\chi^2_{ber} > z^2_{1-\frac{\alpha}{2}} \quad \Rightarrow$ Ablehnung von H_0.

χ^2_{ber} s. o. unter Beachtung der Yates-Korrektur;

Quantil der Standardnormalverteilung s. Tab. 2 S. 132.

Zweiseitiger Test auf Unabhängigkeit zweier Ereignisse

A und B seien zwei beliebige Ereignisse.

H_0: A und B sind unabhängig, d. h. $P(A \cap B) = P(A) \cdot P(B)$

H_1: A und B sind nicht unabhängig, also $P(A \cap B) \neq P(A) \cdot P(B)$

In einer unabhängigen Versuchsserie vom Umfang $n \geq 20$ werden folgende absolute Häufigkeiten bestimmt

$h_{11} = h_n(B \cap A)$; $h_{12} = h_n(B \cap \overline{A})$; $h_{21} = h_n(\overline{B} \cap A)$; $h_{22} = h_n(\overline{B} \cap \overline{A})$;

Vierfeldertafel

	A	$\overline{A}$	Zeilensummen
B	h_{11}	h_{12}	$h_{1\cdot}$
$\overline{B}$	h_{21}	h_{22}	$h_{2\cdot}$
Spaltensummen	$h_{\cdot 1}$	$h_{\cdot 2}$	$h_{\cdot\cdot} = n$

Testentscheidung:

$\chi^2_{ber} > z^2_{1-\frac{\alpha}{2}} \quad \Rightarrow$ Ablehnung von H_0

χ^2_{ber} s. o. unter Beachtung der Yates-Korrektur;

Quantil der Standardnormalverteilung s. Tab. 2 S. 132.

Ein- und zweiseitige Tests auf Unabhängigkeit zweier Ereignisse

Für n > 200 benutzt man aus der Vierfeldertafel (s. o.) die Testgröße

$$z_{ber} = \sqrt{n} \cdot \frac{h_{11} \cdot h_{22} - h_{12} \cdot h_{21}}{\sqrt{h_{1\cdot} \cdot h_{2\cdot} \cdot h_{\cdot 1} \cdot h_{\cdot 2}}}\,.$$

Nullhypothese H_0	Alternative H_1	Ablehnungsbereich
$P(A \cap B) = P(A) \cdot P(B)$	$P(A \cap B) \neq P(A) \cdot P(B)$	$\lvert z_{ber} \rvert > z_{1-\frac{\alpha}{2}}$
$P(A \cap B) \leq P(A) \cdot P(B)$	$P(A \cap B) > P(A) \cdot P(B)$	$z_{ber} > z_{1-\alpha}$
$P(A \cap B) \geq P(A) \cdot P(B)$	$P(A \cap B) < P(A) \cdot P(B)$	$z_{ber} < -z_{1-\alpha}$

z_{ber} s. o. ; Quantile der Standardnormalverteilung s. Tab. 2 S. 132.

4.5.1.4. Chi-Quadrat-Homogenitätstest
Test auf Gleichheit mehrerer Verteilungen

Die Zufallsvariablen $X_1, X_2, \ldots, X_m$ besitzen den gleichen Wertebereich.

H_0: Die m Zufallsvariablen besitzen alle die gleiche Verteilung.

Klasseneinteilung des gemeinsamen Wertebereichs W: $G_1, G_2, \ldots, G_l$;

$H_0 \Rightarrow p_{jk} = P(X_j \in G_k) = p_k$ für $j = 1, 2, \ldots, m$; $k = 1, 2, \ldots, l$.

Bezüglich der Zufallsvariablen X_j wird eine Stichprobe vom Umfang n_j gezogen. h_{jk} = Anzahl der Stichprobenwerte in der Klasse G_k mit $h_{jk} \geq 5$ für alle j und k. Zusammenstellung in der Kontingenztafel

	G_1	G_2	...	G_k	...	G_l	Summe
X_1	h_{11}	h_{12}	...	h_{1k}	...	h_{1l}	n_1
⋮	⋮	⋮		⋮		⋮	⋮
X_j	h_{j1}	h_{j2}	...	h_{jk}	...	h_{jl}	n_j
⋮	⋮	⋮		⋮		⋮	⋮
X_m	h_{m1}	h_{m2}	...	h_{mk}	...	h_{ml}	n_m
Summe	$h_{\cdot 1}$	$h_{\cdot 2}$	...	$h_{\cdot k}$	...	$h_{\cdot l}$	$h_{\cdot\cdot} = n$

Testgröße: $\chi^2_{ber} = n \cdot \left(\sum_{j=1}^{m} \sum_{k=1}^{l} \frac{h_{jk}^2}{n_j \cdot h_{\cdot k}} - 1 \right)$ mit $n = \sum_{i=1}^{n} n_j$

Testentscheidung: $\chi^2_{ber} > \chi^2_{(m-1)(l-1);\,1-\alpha} \Rightarrow H_0$ ablehnen.

Quantile der Chi-Quadrat-Verteilung mit $(m-1)(l-1)$ Freiheitsgraden s. Tab. 4 S. 135.

Der Homogenitätstest wird formal wie der Unabhängigkeitstest 4.5.1.3. durchgeführt.

Vierfeldertafel
Für $r = l = 2$ erhält man die Vierfeldertafel aus S. 118. Die Testdurchführung verläuft analog. Für $20 \leq n \leq 200$ muss die Yates-Korrektur berücksichtigt werden. Als Spezialfall erhält man die zwei- und einseitigen Tests auf Gleichheit der Wahrscheinlichkeiten eines Ereignisses in zwei unabhängigen Grundgesamtheiten auf S. 112.

4.5.2. Kolmogorow-Smirnow-Tests

4.5.2.1. Kolmogorow-Smirnow-Einstichproben-Test

X besitze eine unbekannte stetige Verteilungsfunktion F(x).
Die zu testende Verteilungsfunktion $F_0(x)$ darf keine zu schätzenden Parameter enthalten.

Folgende Tests sind möglich

a) $H_0 : F(x) = F_0(x)$ für alle $x \in \mathbb{R}$;
$H_1 : F(x) \neq F_0(x)$ für mindestens ein $x \in \mathbb{R}$ (zweiseitig);

b) $H_0 : F(x) \leq F_0(x)$ für alle $x \in \mathbb{R}$;
$H_1 : F(x) > F_0(x)$ für mindestens ein $x \in \mathbb{R}$ (einseitig);

c) $H_0 : F(x) \geq F_0(x)$ für alle $x \in \mathbb{R}$;
$H_1 : F(x) < F_0(x)$ für mindestens ein $x \in \mathbb{R}$ (einseitig).

Nach dem Hauptsatz der mathematischen Statistik (S. 78) konvergiert die Folge der aus entsprechenden Stichproben vom Umfang n berechneten empirischen Verteilungsfunktionen $F_n(x)$ für $n \to \infty$ mit Wahrscheinlichkeit 1 gleichmäßig gegen die Verteilungsfunktion F(x) der entsprechenden Zufallsvariablen. Aus der empirischen Verteilungsfunktion

$$F_n(x) = \frac{\text{Anzahl der Stichprobenwerte, die kleiner oder gleich x sind}}{n}$$

berechnet man die Testgrößen

a) $d_n = \sup_{x \in \mathbb{R}} |F_n(x) - F_0(x)|$

b) $d_n^+ = \sup_{x \in \mathbb{R}} (F_n(x) - F_0(x))$

c) $d_n^- = \sup_{x \in \mathbb{R}} (F_0(x) - F_n(x))$

Mit den Quantilen $d_{n;1-\alpha}$ (zweiseitig) bzw. $d_{n;1-2\alpha}$ (einseitig) aus Tab. 6 S. 148 erhält man die nachfolgenden Testentscheidungen. Dabei gehören die Grenzen (Quantile) zum Ablehnungebereich.

Nullhypothese H_0	Alternative H_1	Ablehnungsbereich von H_0
a) $F(x) = F_0(x)$ für alle $x \in \mathbb{R}$	$F(x) \neq F_0(x)$ für mindestens ein x	$d_n \geq d_{n;1-\alpha}$
b) $F(x) \leq F_0(x)$ für alle $x \in \mathbb{R}$	$F(x) > F_0(x)$ für mindestens ein x	$d_n^+ \geq d_{n;1-2\alpha}$
c) $F(x) \geq F_0(x)$ für alle $x \in \mathbb{R}$	$F(x) < F_0(x)$ für mindestens ein x	$d_n^- \geq d_{n;1-2\alpha}$

Die Grenzen gehören zum Ablehnungsbereich

Quantile $d_{n;1-\alpha}$ s. Tab. 6 S. 148 bzw.

$$d_{n;1-\alpha} \approx \sqrt{-\frac{1}{2n} \cdot \ln\frac{\alpha}{2}} \quad \text{für } n > 40 \text{ und } 1-\alpha \geq 0{,}80.$$

Der Kolmogorow-Test ist konsistent, aber nicht unverfälscht.

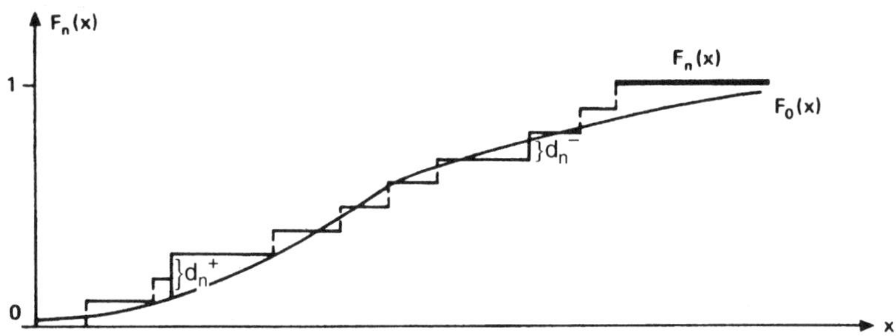

Testgröße beim Kolmogorow-Smirnow-Einstichproben-Test

4.5.2.2. Konfidenzbereiche für eine unbekannte Verteilungsfunktion

F sei eine unbekannte stetige Verteilungsfunktion; F_n sei die empirische Verteilungsfunktion einer Stichprobe vom Umfang n.

Aus 4.5.2.1. erhält man für die unbekannte Verteilungsfunktion $F(x)$ aus der empirischen Verteilungsfunktion $F_n(x)$ Konfidenzbereiche zum Niveau $\gamma = 1 - \alpha$:

zweiseitige: $F_n(x) - d_{n;1-\alpha} \leq F(x) \leq F_n(x) + d_{n;1-\alpha}$

einseitige : $F_n(x) - d_{n;1-2\alpha} \leq F(x)$; $F(x) \leq F_n(x) + d_{n;1-2\alpha}$

Quantile s. o. u. Tab. 6 S. 148.

4.5.2.3. Kolmogorow-Smirnow-Zweistichproben-Test

X und Y seien unabhängige Zufallsvariablen mit den stetigen (unbekannten) Verteilungsfunktionen $F(x) = P(X \leq x)$, $G(y) = P(Y \leq y)$.

Folgende Tests sind möglich

a) $H_0 : F(x) = G(x)$ für alle x ;
$H_1 : F(x) \neq G(x)$ für mindestens ein x (zweiseitig);

b) $H_0 : F(x) \leq G(x)$ für alle x ;
$H_1 : F(x) > G(x)$ für mindestens ein x (einseitig);

c) $H_0 : F(x) \geq G(x)$ für alle x ;
$H_1 : F(x) < G(x)$ für mindestens ein x (einseitig);

unabhängige Stichproben

$(x_1, x_2, \ldots, x_{n_1})$; $(y_1, y_2, \ldots, y_{n_2})$

mit den empirischen Verteilungsfunktionen

$$F_{n_1}(z) = \frac{\text{Anzahl der x-Werte, die kleiner oder gleich z sind}}{n_1}$$

$$G_{n_2}(z) = \frac{\text{Anzahl der y-Werte, die kleiner oder gleich z sind}}{n_2}$$

Testgrößen

a) $d_{n_1, n_2} = \sup_{z \in \mathbb{R}} |F_{n_1}(z) - G_{n_2}(z)|$

b) $d^+_{n_1, n_2} = \sup_{z \in \mathbb{R}} (F_{n_1}(z) - G_{n_2}(z))$

c) $d^-_{n_1, n_2} = \sup_{z \in \mathbb{R}} (G_{n_2}(z) - F_{n_1}(z))$

Nullhypothese H_0	Alternative H_1	Ablehnungsbereich von H_0
a) $F(x) = G(x)$ für alle $x \in \mathbb{R}$	$F(x) \neq G(x)$ für mindestens ein x	$d_{n_1, n_2} \geq d_{n_1, n_2; 1-\alpha}$
b) $F(x) \leq G(x)$ für alle $x \in \mathbb{R}$	$F(x) > G(x)$ für mindestens ein x	$d^+_{n_1, n_2} \geq d_{n_1, n_2; 1-2\alpha}$
c) $F(x) \geq G(x)$ für alle $x \in \mathbb{R}$	$F(x) < G(x)$ für mindestens ein x	$d^-_{n_1, n_2} \geq d_{n_1, n_2; 1-2\alpha}$

Die Grenzen gehören zum Ablehnungsbereich.

Quantile für $n_1 = n_2 = n < 40$ s. Tab. 7 S. 149

Quantile für $n_1 + n_2 \geq 40$

$$d_{n_1, n_2; 1-\alpha} \approx \sqrt{-\frac{1}{2} \ln \frac{\alpha}{2}} \cdot \sqrt{\frac{n_1 + n_2}{n_1 \cdot n_2}} \quad \text{für } 1 - \alpha \geq 0{,}80.$$

4.5.3. Wilcoxon-Tests

4.5.3.1. Der Vorzeichen-Rangtest (Symmetrie-Test) nach Wilcoxon

H_0: Die Verteilung von X ist symmetrisch zur Stelle ϑ_0,

d.h. $P(X \le \vartheta_0 - x) = P(X \ge \vartheta_0 + x)$ für alle $x \in \mathbb{R}$.

Im diskreten Fall ist dann das Stabdiagramm symmetrisch zur Stelle ϑ_0, im stetigen Fall ist die Dichte f achsensymmetrisch zu $x = \vartheta_0$ mit $f(\vartheta_0 - u) = f(\vartheta_0 + u)$ für alle $u \in \mathbb{R}$.
ϑ_0 ist dann gleichzeitig der Median $\tilde{\mu}$, also $\vartheta_0 = \tilde{\mu}$. Falls der Erwartungswert existiert, stimmt auch er mit ϑ_0 überein.
Unter der Nullhypothese H_0 ist $Y = X - \vartheta_0$ symmetrisch um 0 verteilt. Dann besitzen die Zufallsvariablen Y und $-Y$ die gleiche Verteilung.

$x = (x_1, x_2, \ldots, x_n)$ sei eine einfache Stichprobe vom Umfang n bezüglich der Zufallsvariablen X.

Transformierte Stichprobe

$y = x - \vartheta_0 = (x_1 - \vartheta_0, x_2 - \vartheta_0, \ldots, x_n - \vartheta_0) = (y_1, y_2, \ldots, y_n)$.

Vorzeichen-Rangtest ohne Bindungen

Bei stetigen Zufallsvariablen X gilt für die Symmetrie-Stelle ϑ_0

$P(X = \vartheta_0) = 0$; $P(X < \vartheta_0) = P(X > \vartheta_0) = \frac{1}{2}$.

Die Beträge $|y_i| = |x_i - \vartheta_0|$ werden der Größe nach geordnet und seien alle verschieden (keine Bindungen)

$|y_{(1)}| < |y_{(2)}| < \ldots < |y_{(n)}|$.

y_i besitze in dieser Anordnung den Rang r_i (s. S. 18) für $i = 1, 2, \ldots, n$.

w_n^+ sei die Summe der Ränge der positiven y-Werte

w_n^- sei die Summe der Ränge der negativen y-Werte mit

$$w_n^+ + w_n^- = \frac{n(n+1)}{2}.$$

Für die Zufallsvariablen W_n^+ gilt unter der Nullhypothese H_0

$$E(W_n^+ \mid H_0) = \frac{n(n+1)}{4}; \quad Var(W_n^+ \mid H_0) = \frac{n(n+1)(2n+1)}{24};$$

Testentscheidung

$$w_n^+ \le w^+_{n;\frac{\alpha}{2}} \quad \text{oder} \quad w_n^+ \ge \frac{n(n+1)}{2} - w^+_{n;\frac{\alpha}{2}} \quad \Rightarrow \quad H_0 \text{ ablehnen.}$$

Die Grenzen gehören zum Ablehnungsbereich.

Quantile $w^+_{n;\alpha}$ für $n \le 60$ s. Tab. 8 S. 150 (vgl. auch S. 125).

Asymptotischer Vorzeichen-Rangtest ohne Bindungen

Für $n > 25$ ist unter der Nullhypothese H_0 die Testgröße

$$Z = \frac{W_n^+ - \frac{n(n+1)}{4}}{\sqrt{\frac{n(n+1)(2n+1)}{24}}}$$ näherungsweise standardnormalverteilt.

Mit den Realisierungen

$$z_{ber} = \frac{w_n^+ - \frac{n(n+1)}{4}}{\sqrt{\frac{n(n+1)(2n+1)}{24}}}$$ erhält man die

Testentscheidung: $|z_{ber}| > z_{1-\frac{\alpha}{2}} \Rightarrow H_0$ ablehnen

Quantile der Stadardnormalverteilung s. Tab. 2 S. 132.

Asymptotischer Vorzeichen-Rangtest mit Bindungen

Im diskreten Fall können Nulldifferenzen $y_i = x_i - \vartheta_0 = 0$ oder Stichprobenwerte mit gleichem Betrag auftreten. Die Nulldifferenzen werden weggelassen und der Test mit dem reduzierten Stichprobenumfang durchgeführt. n sei der reduzierte Stichprobenumfang.

$0 < |y_{(1)}| \leq |y_{(2)}| \leq \ldots \leq |y_{(n)}|$.

Bei gleichen Beträgen $|y_i|$ werden Durchschnittsränge benutzt. Mit m Gruppen mit Bindungen mit jeweils b_j gleichen Durchschnittsrängen für $j = 1, 2, \ldots, m$ gilt

$$E(W_n^+ | H_0) = \frac{n(n+1)}{4};$$

$$Var(W_n^+ | H_0) = \frac{n(n+1)(2n+1)}{24} - \frac{1}{48}\sum_{j=1}^{m}(b_j^3 - b_j).$$

Für $n > 25$ ist die standardisierte Zufallsvariable

$$Z = \frac{W_n^+ - \frac{n(n+1)}{4}}{\sqrt{\frac{n(n+1)(2n+1)}{24} - \frac{1}{48}\sum_{j=1}^{m}(b_j^3 - b_j)}}$$

näherungsweise standardnormalverteilt. Mit den Realisierungen

$$z_{ber} = \frac{w_n^+ - \frac{n(n+1)}{4}}{\sqrt{\frac{n(n+1)(2n+1)}{24} - \frac{1}{48}\sum_{j=1}^{m}(b_j^3 - b_j)}}$$ erhält man die

Testentscheidung: $|z_{ber}| > z_{1-\frac{\alpha}{2}} \Rightarrow H_0$ ablehnen.

Quantile der Stadardnormalverteilung s. Tab. 2 S. 132.

4.5.3.2. Der Wilcoxon-Rangsummentest

Exakte Tests ohne Bindungen

F(x) und G(y) seien die unbekannten **stetigen** Verteilungsfunktionen der unabhängigen Zufallsvariablen X und Y.
Folgende Tests sind möglich

a) $H_0: F(z) = G(z)$ für alle $z \in \mathbb{R}$;
$H_1: F(z) \neq G(z)$ für mindestens ein z (zweiseitig);

b) $H_0: F(z) \leq G(z)$ für alle $z \in \mathbb{R}$;
$H_1: F(z) > G(z)$ für mindestens ein z (einseitig);

c) $H_0: F(z) \geq G(z)$ für alle $z \in \mathbb{R}$;
$H_1: F(z) < G(z)$ für mindestens ein z (einseitig);

Unabhängige Stichproben

bezüglich X: $(x_1, x_2, \ldots, x_{n_1})$; bezüglich Y: $(y_1, y_2, \ldots, y_{n_2})$.

Voraussetzung: $\mathbf{n_1 \leq n_2}$ (andernfalls werden die Stichproben vertauscht).

Die zusammengesetzte Stichprobe
$z = (x_1, x_2, \ldots, x_{n_1}, y_1, y_2, \ldots, y_{n_2}) = (z_1, z_2, \ldots, z_n)$
vom Umfang $n = n_1 + n_2$ wird in aufsteigender Rangfolge geordnet

$z_{(1)} \leq z_{(2)} \leq z_{(3)} \leq \ldots \leq z_{(n)}$.

Wegen der vorausgesetzten Stetigkeit treten mit Wahrscheinlichkeit 1 keine Bindungen auf. $R(x_i)$ seien die Rangzahlen der x-Stichprobe in der geordneten Stichprobe und $R(y_j)$ die der y-Stichprobe.

Testgröße: $w^{(1)}_{n_1;n_2} = \sum_{i=1}^{n_1} R(x_i)$; unter der Nullhypothese a) gilt

$$E(W^{(1)}_{n_1;n_2}) = n_1 \cdot \frac{n+1}{2}; \quad Var(W^{(1)}_{n_1;n_2}) = \frac{n_1 \cdot n_2 \cdot (n+1)}{12}.$$

Nullhypothese H_0	Alternative H_1	Ablehnungsbereich von H_0
a) $F(z) = G(z)$ für alle $z \in \mathbb{R}$	$F(z) \neq G(z)$ für mindestens ein z	$w^{(1)}_{n_1;n_2} \leq w^{(1)}_{n_1;n_2;\alpha/2}$ oder $\geq n_1(n+1) - w^{(1)}_{n_1;n_2;\alpha/2}$
b) $F(z) \leq G(z)$ für alle $z \in \mathbb{R}$	$F(z) > G(z)$ für mindestens ein z	$w^{(1)}_{n_1;n_2} \leq w^{(1)}_{n_1;n_2;\alpha}$
c) $F(z) \geq G(z)$ für alle $z \in \mathbb{R}$	$F(z) < G(z)$ für mindestens ein z	$w_{n_1;n_2} \geq n_1(n+1) - w^{(1)}_{n_1;n_2;\alpha}$

Die Grenzen gehören zum Ablehungsbereich.

$w^{(1)}_{n_1;n_2}$ s. o,; Quantile s. Tab. 9 S. 152

Asymptotische Tests ohne Bindungen

Ohne Bindungen ist für $n_1, n_2 \geq 4$ und $n = n_1 + n_2 \geq 30$ unter der Nullhypothese aus a) die Testgröße

$$z_{ber} = \frac{w^{(1)}_{n_1;n_2} - n_1 \cdot \frac{n+1}{2}}{\sqrt{\frac{n_1 \cdot n_2 \cdot (n+1)}{12}}}$$

Realisierung einer näherungsweise standardnormalverteilten Zufallsvariablen.

Nullhypothese H_0	Alternative H_1	Ablehnungsbereich von H_0
a) $F(z) = G(z)$	$F(z) \neq G(z)$ für mindestens ein z	$\lvert z_{ber} \rvert > z_{1-\frac{\alpha}{2}}$
b) $F(z) \leq G(z)$	$F(z) \geq G(z)$ und $F(z) > G(z)$ für mindestens ein z	$z_{ber} < -z_{1-\alpha}$
c) $F(z) \geq G(z)$	$F(z) \leq G(z)$ und $F(z) < G(z)$ für mindestens ein z	$z_{ber} > z_{1-\alpha}$

Quantile der Standardnormalverteilung s. Tab. 2 S. 132.

Asymptotische Tests bei Bindungen

Im diskreten Fall treten Bindungen (Durchschnittsränge) auf. Dabei gebe es m Bindungsgruppen mit jeweils b_j gleichen Durchschnittsrängen für $j = 1, 2, \ldots, m$. Für $n_1, n_2 \geq 4$ und $n = n_1 + n_2 \geq 30$ ist unter der Nullhypothese aus a) die Testgröße

$$z_{ber} = \frac{w^{(1)}_{n_1;n_2} - n_1 \cdot \frac{n+1}{2}}{\sqrt{\frac{n_1 \cdot n_2}{12} \cdot \left(n + 1 - \frac{\sum\limits_{j=1}^{m} (b_j^3 - b_j)}{(n_1 + n_2)(n-1)}\right)}}, \quad n = n_1 + n_2$$

ungefähr standardnormalverteilt.
Mit dieser geänderten Testgröße werden die obigen Testentscheidungen durchgeführt.

Literaturverzeichnis

Bauer, H. [1991]: Wahrscheinlichkeitstheorie, 4., völlig überarbeitete und neugestaltete Auflage des Werkes: Wahrscheinlichkeitstheorie und Grundzüge der Maßtheorie, Berlin – New York

Behnen, K.; Neuhaus, G. [1995]: Grundkurs Stochastik, 3. Auflage, Stuttgart

Bosch, K. [2000]: Elementare Einführung in die Statistik, 7., erweiterte Auflage mit Aufgaben und Lösungen, Braunschweig – Wiesbaden

Bosch, K. [1999]: Elementare Einführung in die Wahrscheinlichkeitsrechnung, 7. Auflage, Braunschweig – Wiesbaden

Bosch, K. [2002]: Statistik für Nichtstatistiker, 4., überarbeitete Auflage, München – Wien

Bosch, K. [1998]: Statistik-Taschenbuch, 3. Auflage, München – Wien

Bosch, K. [1997]: Lexikon der Statistik, 2., gründlich überarbeitete und stark erweiterte Auflage, München – Wien

Bosch, K. [1996]: Grundzüge der Statistik, Einführung mit Übungen, 2. Auflage 1999, München – Wien

Bosch, K. [1996]: Großes Lehrbuch der Statistik, München – Wien

Bosch, K. [2002]: Übungs- und Arbeitsbuch Statistik, München – Wien

Bosch, K. [2002]: Statistik, Wahrheit und Lüge, München – Wien

Bosch, K.; Jensen, U.: [1996]: Klausurtraining Statistik, 2. Auflage, München – Wien

Bradley, J.V. [1968]: Distribution-free statistical tests, Englewood Cliffs, New Jersey

Büning, H.; Trenkler, G. [1994]: Nichtparametrische statistische Methoden, 2., erweiterte und völlig überarbeitet Auflage, Berlin – New York

Degen, H.; Lorscheid, P. [2001]: Statistik-Lehrbuch, München – Wien

Elpelt, B,; Hartung, J. [1992]: Grundkurs Statistik, 2, Auflage, München – Wien

Fisz, M. [1989]: Wahrscheinlichkeitsrechnung und mathematische Statistik, 11. Auflage, Berlin

Gänsler, P.; Stute, W. [1977]: Wahrscheinlichkeitstheorie, Berlin

Hartung, J. H.; Elpelt B. [1999]: Multivariate Statistik, 6. Auflage, München – Wien

Hartung, J. H.; Elpelt, B.; Klöser H. H. [2002]: Statistik, Lehr- und Handbuch der angewandten Statistik, 13. Auflage, München – Wien

Hinderer, K. [1991]: Grundbegriffe der Wahrscheinlichkeitstheorie, Berlin

Hollander, M.; Wolfe, D. A. [1999]: Nonparametric statistical methods, 2. Auflage, New York

Hübner, G. [2002]: Stochastik, eine anwendungsorientierte Einführung für Informatiker, Ingenieure und Mathematiker, 3., verbesserte Auflage, Braunschweig

Krengel, U. [2002]: Einführung in die Wahrscheinlichkeitstheorie und Statistik, 6., verbesserte Auflage, Braunschweig

Krickeberg, K.; Ziezold, H. [1994]: Stochastische Methoden, Berlin – Heidelberg – New York

Lehn, J,; Wegmann, H. [1985]: Einführung in die Statistik, Stuttgart

Leiner, B. [1995]: Grundlagen statistischer Methoden, München – Wien

Morgenstern, D. [1968]: Einführung in die Wahrscheinlichkeitsrechnung und Mathematische Statistik, Berlin – Heidelberg – New York

Pfanzagl, J. [1983]: Allgemeine Methodenlehre der Statistik I: Elementare Methoden, 6. Auflage, und [1978] II: Höhere Methoden, 5. Auflage, Berlin – New York

Pfanzagl, J. [1988]: Elementare Wahrscheinlichkeitsrechnung, Berlin

Rényi, A. [1971], Wahrscheinlichkeitsrechnung, Berlin

Rüger, B. [1996]: Induktive Statistik, 3., überarbeitete Auflage, München – Wien

Sachs, L. [1996]: Angewandte Statistik, 8., völlig neu bearbeitete und erweiterte Auflage, Berlin – Heidelberg – New York

Sauerbier, T. [2000]: Statistik für Wirtschaftswissenschaftler, München – Wien

Schlittgen, R. [2000]: Einführung in die Statistik, 9. Auflage, München – Wien

Schmetterer, L. [1966]: Einführung in die mathematische Statistik, 2. Auflage, Wien – New York

Storm, R. [1995]: Wahrscheinlichkeitsrechnung, mathematische Statistik und statistische Qualitätskontrolle, 10. Auflage, Leipzig

Stoyan, D. [1993]: Statistik für Ingenieure und Naturwissenschaftler, Berlin

Witting, H. [1985]: Mathematische Statistik I: Parametrische Verfahren bei festem Stichprobenumfang, Stuttgart

Witting, H. [1978]: Mathematische Statistik, 3. Auflage, Stuttgart

Witting, H.; Nölle, G. [1970]: Angewandte mathematische Statistik: Optimale finite u. asymptotische Verfahren, Stuttgart

Tab. 1: Verteilungsfunktion $\Phi(z)$ der Standardnormalverteilung

z	0,00	0,01	0,02	0,03	0,04	0,05	0,06	0,07	0,08	0,09
0,0	0,5000	0,5040	0,5080	0,5120	0,5160	0,5199	0,5239	0,5279	0,5319	0,5359
0,1	0,5398	0,5438	0,5478	0,5517	0,5557	0,5596	0,5636	0,5675	0,5714	0,5753
0,2	0,5793	0,5832	0,5871	0,5910	0,5948	0,5987	0,6026	0,6064	0,6103	0,6141
0,3	0,6179	0,6217	0,6255	0,6293	0,6331	0,6368	0,6406	0,6443	0,6480	0,6517
0,4	0,6554	0,6591	0,6628	0,6664	0,6700	0,6736	0,6772	0,6808	0,6844	0,6879
0,5	0,6915	0,6950	0,6985	0,7019	0,7054	0,7088	0,7123	0,7157	0,7190	0,7224
0,6	0,7257	0,7291	0,7324	0,7357	0,7389	0,7422	0,7454	0,7486	0,7517	0,7549
0,7	0,7580	0,7611	0,7642	0,7673	0,7704	0,7734	0,7764	0,7794	0,7823	0,7852
0,8	0,7881	0,7910	0,7939	0,7967	0,7995	0,8023	0,8051	0,8078	0,8106	0,8133
0,9	0,8159	0,8186	0,8212	0,8238	0,8264	0,8289	0,8315	0,8340	0,8365	0,8389
1,0	0,8413	0,8438	0,8461	0,8485	0,8508	0,8531	0,8554	0,8577	0,8599	0,8621
1,1	0,8643	0,8665	0,8686	0,8708	0,8729	0,8749	0,8770	0,8790	0,8810	0,8830
1,2	0,8849	0,8869	0,8888	0,8907	0,8925	0,8944	0,8962	0,8980	0,8997	0,9015
1,3	0,9032	0,9049	0,9066	0,9082	0,9099	0,9115	0,9131	0,9147	0,9162	0,9177
1,4	0,9192	0,9207	0,9222	0,9236	0,9251	0,9265	0,9279	0,9292	0,9306	0,9319
1,5	0,9332	0,9345	0,9357	0,9370	0,9382	0,9394	0,9406	0,9418	0,9429	0,9441
1,6	0,9452	0,9463	0,9474	0,9484	0,9495	0,9505	0,9515	0,9525	0,9535	0,9545
1,7	0,9554	0,9564	0,9573	0,9582	0,9591	0,9599	0,9608	0,9616	0,9625	0,9633
1,8	0,9641	0,9649	0,9656	0,9664	0,9671	0,9678	0,9686	0,9693	0,9699	0,9706
1,9	0,9713	0,9719	0,9726	0,9732	0,9738	0,9744	0,9750	0,9756	0,9761	0,9767
2,0	0,9772	0,9778	0,9783	0,9788	0,9793	0,9798	0,9803	0,9808	0,9812	0,9817
2,1	0,9821	0,9826	0,9830	0,9834	0,9838	0,9842	0,9846	0,9850	0,9854	0,9857
2,2	0,9861	0,9864	0,9868	0,9871	0,9875	0,9878	0,9881	0,9884	0,9887	0,9890
2,3	0,9893	0,9896	0,9898	0,9901	0,9904	0,9906	0,9909	0,9911	0,9913	0,9916
2,4	0,9918	0,9920	0,9922	0,9925	0,9927	0,9929	0,9931	0,9932	0,9934	0,9936
2,5	0,9938	0,9940	0,9941	0,9943	0,9945	0,9946	0,9948	0,9949	0,9951	0,9952
2,6	0,9953	0,9955	0,9956	0,9957	0,9959	0,9960	0,9961	0,9962	0,9963	0,9964
2,7	0,9965	0,9966	0,9967	0,9968	0,9969	0,9970	0,9971	0,9972	0,9973	0,9974
2,8	0,9974	0,9975	0,9976	0,9977	0,9977	0,9978	0,9979	0,9979	0,9980	0,9981
2,9	0,9981	0,9982	0,9982	0,9983	0,9984	0,9984	0,9985	0,9985	0,9986	0,9986
3,0	0,9987	0,9987	0,9987	0,9988	0,9988	0,9989	0,9989	0,9989	0,9990	0,9990
3,1	0,9990	0,9991	0,9991	0,9991	0,9992	0,9992	0,9992	0,9992	0,9993	0,9993
3,2	0,9993	0,9993	0,9994	0,9994	0,9994	0,9994	0,9994	0,9995	0,9995	0,9995
3,3	0,9995	0,9995	0,9995	0,9996	0,9996	0,9996	0,9996	0,9996	0,9996	0,9997
3,4	0,9997	0,9997	0,9997	0,9997	0,9997	0,9997	0,9997	0,9997	0,9997	0,9998
3,5	0,9998	0,9998	0,9998	0,9998	0,9998	0,9998	0,9998	0,9998	0,9998	0,9998
3,6	0,9998	0,9998	0,9999	0,9999	0,9999	0,9999	0,9999	0,9999	0,9999	0,9999
3,7	0,9999	0,9999	0,9999	0,9999	0,9999	0,9999	0,9999	0,9999	0,9999	0,9999
3,8	0,9999	0,9999	0,9999	0,9999	0,9999	0,9999	0,9999	0,9999	0,9999	0,9999
3,9	1,0000	1,0000	1,0000	1,0000	1,0000	1,0000	1,0000	1,0000	1,0000	1,0000

Tabelliert sind die Werte der Verteilungsfunktion

$$\Phi(z) = P(Z \leq z) \quad \text{für} \quad z \geq 0 \ .$$

Ablesebeispiel: $\Phi(1{,}75) = 0{,}9599$.

Funktionswerte für **negative** Argumente: $\boldsymbol{\Phi(-z) = 1 - \Phi(z)}$.

Approximation nach Hastings für z > 0:

$$\Phi(z) \approx 1 - \frac{1}{\sqrt{2\pi}} \cdot e^{-\frac{z^2}{2}} \cdot \left(a_1 t + a_2 t^2 + a_3 t^3 + a_4 t^4 + a_5 t^5\right)$$

mit

$$t = \frac{1}{1 + bz} \ ;$$

$b = 0{,}2316419$; $a_1 = 0{,}319381530$; $a_2 = -0{,}356563782$;

$a_3 = 1{,}781477937$; $a_4 = -1{,}821255978$; $a_5 = 1{,}330274429$.

Für $z > 0$ erhält man Näherungswerte, die auf mindestens 7 Stellen genau sind.

Tab. 2: Quantile z_q der Standardnormalverteilung

q	z_q	q	z_q	q	z_q	q	z_q
0,50	0,00000	0,75	0,67449	**0,950**	**1,64485**	0,9975	2,80703
0,51	0,02507	0,76	0,70630	0,955	1,69540	0,9976	2,82016
0,52	0,05015	0,77	0,73885	0,960	1,75069	0,9977	2,83379
0,53	0,07527	0,78	0,77219	0,965	1,81191	0,9978	2,84796
0,54	0,10043	0,79	0,80642	0,970	1,88079	0,9979	2,86274
0,55	0,12566	0,80	0,84162	**0,975**	**1,95996**	0,9980	2,87816
0,56	0,15097	0,81	0,87790	0,980	2,05375	0,9981	2,89430
0,57	0,17637	0,82	0,91537	0,985	2,17009	0,9982	2,91124
0,58	0,20189	0,83	0,95417	0,987	2,22621	0,9983	2,92905
0,59	0,22754	0,84	0,99446	0,989	2,29037	0,9984	2,94784
0,60	0,25335	0,85	1,03643	**0,9900**	**2,32635**	0,9985	2,96774
0,61	0,27932	0,86	1,08032	0,9905	2,34553	0,9986	2,98888
0,62	0,30548	0,87	1,12639	0,9910	2,36562	0,9987	3,01145
0,63	0,33185	0,88	1,17499	0,9915	2,38671	0,9988	3,03567
0,64	0,35846	0,89	1,22653	0,9920	2,40892	0,9989	3,06181
0,65	0,38532	**0,900**	**1,28155**	0,9925	2,43238	**0,9990**	**3,09023**
0,66	0,41246	0,905	1,31058	0,9930	2,45726	0,9991	3,12139
0,67	0,43991	0,910	1,34076	0,9935	2,48377	0,9992	3,15591
0,68	0,46770	0,915	1,37220	0,9940	2,51214	0,9993	3,19465
0,69	0,49585	0,920	1,40507	0,9945	2,54270	0,9994	3,23888
0,70	0,52440	0,925	1,43953	**0,9950**	**2,57583**	0,9995	3,29053
0,71	0,55338	0,930	1,47579	0,9955	2,61205	0,9996	3,35279
0,72	0,58284	0,935	1,51410	0,9960	2,65207	0,9997	3,43161
0,73	0,61281	0,940	1,55477	0,9965	2,69684	0,9998	3,54008
0,74	0,64335	0,945	1,59819	0,9970	2,74778	**0,9999**	**3,71902**

Für das Quantil z_q gilt $\Phi(z_q) = q$.

Links vom Quantil z_q liegt die Wahrscheinlichkeitsmasse q.

Ablesebeispiel: $z_{0,975} = 1{,}95996$.

Quantile für $0 < q < 0{,}5$ erhält man aus $\mathbf{z_q = -z_{1-q}}$.

Approximation nach Hastings für $0{,}5 \leq q < 1$:

$$z_q \approx t - \frac{b_0 + b_1 t + b_2 t^2}{1 + c_1 t + c_2 t^2 + c_3 t^3} \qquad \text{mit} \quad t = \sqrt{-2\ln(1-q)}\,;$$

$b_0 = 2{,}515517$; $b_1 = 0{,}802853$; $b_2 = 0{,}010328$;

$c_1 = 1{,}432788$; $c_2 = 0{,}189269$; $c_3 = 0{,}001308$.

Die Näherungswerte sind auf mindestens drei Dezimalstellen genau.

Tab. 3: Quantile $t_{n;q}$ der t-Verteilung mit n Freiheitsgraden

n \ q	0,900	0,950	0,975	0,990	0,995	0,999	n
1	3,078	6,314	12,706	31,821	63,657	318,309	1
2	1,886	2,920	4,303	6,965	9,925	22,327	2
3	1,638	2,353	3,182	4,541	5,841	10,215	3
4	1,533	2,132	2,776	3,747	4,604	7,173	4
5	1,476	2,015	2,571	3,365	4,032	5,893	5
6	1,440	1,943	2,447	3,143	3,707	5,208	6
7	1,415	1,895	2,365	2,998	3,499	4,785	7
8	1,397	1,860	2,306	2,896	3,355	4,501	8
9	1,383	1,833	2,262	2,821	3,250	4,297	9
10	**1,372**	**1,812**	**2,228**	**2,764**	**3,169**	**4,144**	**10**
11	1,363	1,796	2,201	2,718	3,106	4,025	11
12	1,356	1,782	2,179	2,681	3,055	3,930	12
13	1,350	1,771	2,160	2,650	3,012	3,852	13
14	1,345	1,761	2,145	2,624	2,977	3,787	14
15	1,341	1,753	2,131	2,602	2,947	3,733	15
16	1,337	1,746	2,120	2,583	2,921	3,686	16
17	1,333	1,740	2,110	2,567	2,898	3,646	17
18	1,330	1,734	2,101	2,552	2,878	3,610	18
19	1,328	1,729	2,093	2,539	2,861	3,579	19
20	**1,325**	**1,725**	**2,086**	**2,528**	**2,845**	**3,552**	**20**
21	1,323	1,721	2,080	2,518	2,831	3,527	21
22	1,321	1,717	2,074	2,508	2,819	3,505	22
23	1,319	1,714	2,069	2,500	2,807	3,485	23
24	1,318	1,711	2,064	2,492	2,797	3,467	24
25	1,316	1,708	2,060	2,485	2,787	3,450	25
26	1,315	1,706	2,056	2,479	2,779	3,435	26
27	1,314	1,703	2,052	2,473	2,771	3,421	27
28	1,313	1,701	2,048	2,467	2,763	3,408	28
29	1,311	1,699	2,045	2,462	2,756	3,396	29
30	**1,310**	**1,697**	**2,042**	**2,457**	**2,750**	**3,385**	**30**
40	1,303	1,684	2,021	2,423	2,704	3,307	40
50	1,299	1,676	2,009	2,403	2,678	3,261	50
60	1,296	1,671	2,000	2,390	2,660	3,232	60
70	1,294	1,667	1,994	2,381	2,648	3,211	70
80	1,292	1,664	1,990	2,374	2,639	3,195	80
90	1,291	1,662	1,987	2,369	2,632	3,182	90

q / n	0,900	0,950	0,975	0,990	0,995	0,999	n
100	1,290	1,660	1,984	2,364	2,626	3,174	100
150	1,287	1,655	1,976	2,352	2,609	3,146	150
200	1,286	1,653	1,972	2,345	2,601	3,131	200
300	1,284	1,650	1,968	2,339	2,593	3,118	300
400	1,284	1,649	1,966	2,336	2,589	3,111	400
500	1,283	1,648	1,965	2,334	2,586	3,107	500
600	1,283	1,647	1,964	2,333	2,584	3,104	600
800	1,283	1,647	1,963	2,331	2,582	3,101	800
1000	1,282	1,646	1,962	2,330	2,581	3,098	1000
∞	1,282	1,646	1,960	2,326	2,576	3,090	∞

Für das Quantil $t_{n;q}$ gilt $F(t_{n;q}) = q$.

Links vom Quantil $t_{n;q}$ ist die Wahrscheinlichkeitsmasse q.

Ablesebeispiel: $t_{20;0,99} = 2{,}528$.

Quantile für $0 < q < 0{,}5$ erhält man aus $\mathbf{t_{n;q} = -\, t_{n;1-q}}$.

Approximation für 0,5 ≤ q < 1:

$$t_{n;q} \approx \frac{c_9 z_q^9 + c_7 z_q^7 + c_5 z_q^5 + c_3 z_q^3 + c_1 z_q}{92\,160 \cdot n^4} \quad \text{mit} \quad \Phi(z_q) = q;$$

$c_9 = 79$; $c_7 = 720\,n + 776$; $c_5 = 4\,800\,n^2 + 4\,560\,n + 1\,482$;

$c_3 = 23\,040\,n^3 + 15\,360\,n^2 + 4\,080\,n - 1\,920$;

$c_1 = 92\,160\,n^4 + 23\,040\,n^3 + 2\,880\,n^2 - 3\,600\,n - 945$.

Formel von **Peitzer und Pratt für n ≥ 10:**

$$t_{n;q} \approx \sqrt{n \cdot e^{c \cdot z_q^2} - n} \quad \text{mit } \Phi(z_q) = q \text{ und } c = \frac{n - \frac{5}{6}}{\left(n - \frac{2}{3} + \frac{1}{10\,n}\right)^2};$$

Für $n \to \infty$ konvergiert die Verteilungsfunktion der t-Verteilung gegen die Verteilungsfunktion der Standardnormalverteilung mit

$$\lim_{n \to \infty} t_{n;q} = z_q \; ; \qquad t_{n;q} \approx z_q \text{ für } n > 30.$$

Tab. 4: Quantile $\chi^2_{n;q}$ der Chi-Quadrat-Verteilung (n Freiheitsgrade)

n \ q	0,005	0,010	0,025	0,050	0,100	0,250	0,500
1	$0{,}3927{:}10^5$	$0{,}1571{:}10^4$	$0{,}9821{:}10^3$	$0{,}3932{:}10^2$	0,015791	0,1015	0,4549
2	0,01003	0,02010	0,05064	0,1026	0,2107	0,5754	1,3863
3	0,07172	0,1148	0,2158	0,3518	0,5844	1,2125	2,3660
4	0,2070	0,2971	0,4844	0,7107	1,064	1,9226	3,3567
5	0,4117	0,5543	0,8312	1,145	1,610	2,675	4,351
6	0,6757	0,8721	1,237	1,635	2,204	3,455	5,348
7	0,9893	1,239	1,690	2,167	2,833	4,255	6,346
8	1,344	1,646	2,180	2,733	3,490	5,071	7,344
9	1,735	2,088	2,700	3,325	4,168	5,899	8,343
10	**2,156**	**2,558**	**3,247**	**3,940**	**4,865**	**6,737**	**9,342**
11	2,603	3,053	3,816	4,575	5,578	7,584	10,341
12	3,074	3,571	4,404	5,226	6,304	8,438	11,340
13	3,565	4,107	5,009	5,892	7,042	9,299	12,340
14	4,075	4,660	5,629	6,571	7,790	10,165	13,399
15	4,601	5,229	6,262	7,261	8,547	11,037	14,339
16	5,142	5,812	6,908	7,962	9,312	11,912	15,338
17	5,697	6,408	7,564	8,672	10,085	12,792	16,338
18	6,265	7,015	8,231	9,390	10,865	13,675	17,338
19	6,844	7,633	8,907	10,117	11,651	14,562	18,338
20	**7,434**	**8,260**	**9,591**	**10,851**	**12,443**	**15,452**	**19,337**
21	8,034	8,897	10,283	11,591	13,240	16,344	20,337
22	8,643	9,542	10,982	12,338	14,041	17,240	21,337
23	9,260	10,196	11,689	13,091	14,848	18,137	22,337
24	9,886	10,856	12,401	13,848	15,659	19,037	23,337
25	10,520	11,524	13,120	14,611	16,473	19,940	24,337
26	11,160	12,198	13,844	15,379	17,292	20,843	25,336
27	11,808	12,879	14,573	16,151	18,114	21,749	26,336
28	12,461	13,565	15,308	16,928	18,939	22,657	27,336
29	13,121	14,256	16,047	17,708	19,768	23,557	28,336
30	**13,787**	**14,953**	**16,791**	**18,493**	**20,599**	**24,478**	**29,336**
31	14,458	15,655	17,539	19,281	21,434	25,390	30,336
32	15,134	16,362	18,291	20,072	22,271	26,304	31,336
33	15,815	17,074	19,047	20,867	23,110	27,219	32,336
34	16,501	17,789	19,806	21,664	23,952	28,136	33,336
35	17,192	18,509	20,569	22,465	24,797	29,054	34,336
36	17,887	19,233	21,336	23,269	25,643	29,973	35,336
37	18,586	19,960	22,106	24,075	26,492	30,893	36,336
38	19,289	20,691	22,878	24,884	27,343	31,815	37,335
39	19,996	21,426	23,654	25,695	28,196	32,737	38,335
40	**20,707**	**22,164**	**24,433**	**26,509**	**29,051**	**33,660**	**39,335**
41	21,421	22,906	25,215	27,326	29,907	34,585	40,335
42	22,138	23,650	25,999	28,144	30,765	35,510	41,335
43	22,859	24,398	26,785	28,965	31,625	36,436	42,335
44	23,584	25,148	27,575	29,787	32,487	37,363	43,335
45	24,311	25,901	28,366	30,612	33,350	38,291	44,335
46	25,041	26,657	19,160	31,439	34,215	39,220	45,335
47	25,775	27,416	29,956	32,268	35,081	40,149	46,335
48	26,511	28,177	30,755	33,098	35,949	41,079	47,335
49	27,249	28,941	31,555	33,930	36,818	42,010	48,335

n \ q	0,750	0,900	0,950	0,975	0,990	0,995	0,999
1	1,323	2,706	3,841	5,024	6,635	7,879	10,828
2	2,773	4,605	5,991	7,378	9,210	10,597	13,816
3	4,108	6,251	7,815	9,348	11,345	12,838	16,266
4	5,385	7,779	9,488	11,143	13,277	14,860	18,467
5	6,626	9,236	11,070	12,833	15,086	16,750	20,515
6	7,841	10,645	12,592	14,449	16,812	18,548	22,458
7	9,037	12,017	14,067	16,013	18,475	20,278	24,322
8	10,219	13,362	15,507	17,535	20,090	21,955	26,124
9	11,389	14,684	16,919	19,023	21,666	23,589	27,877
10	**12,549**	**15,987**	**18,307**	**20,483**	**23,209**	**25,188**	**29,588**
11	13,701	17,275	19,675	21,920	24,725	26,757	31,264
12	14,845	18,549	21,026	23,337	26,217	28,300	32,909
13	15,984	19,812	22,362	24,736	27,688	29,819	34,528
14	17,117	21,064	23,685	26,119	29,141	31,319	36,123
15	18,245	22,307	24,996	27,488	30,578	32,801	37,697
16	19,369	23,542	26,296	28,845	32,000	34,267	39,252
17	20,489	24,769	27,587	30,191	33,409	35,718	40,790
18	21,605	25,989	28,869	31,526	34,805	37,156	42,312
19	22,718	27,204	30,144	32,852	36,191	38,582	43,820
20	**23,828**	**28,412**	**31,410**	**34,170**	**37,566**	**39,997**	**45,315**
21	24,935	29,615	32,671	35,479	38,932	41,401	46,797
22	26,039	30,813	33,924	36,781	40,289	42,796	48,268
23	27,141	32,007	35,172	38,076	41,638	44,181	49,728
24	28,241	33,196	36,415	39,364	42,980	45,559	51,179
25	29,339	34,382	37,652	40,646	44,314	46,928	52,620
26	30,435	35,563	38,885	41,923	45,642	48,290	54,052
27	31,528	36,741	40,113	43,195	46,963	49,645	55,476
28	32,620	37,916	41,337	44,461	48,278	50,993	56,892
29	33,711	39,087	42,557	45,722	49,588	52,336	58,301
30	**34,800**	**40,256**	**42,773**	**46,979**	**50,892**	**53,672**	**59,703**
31	35,887	41,422	44,985	48,232	52,191	55,003	61,098
32	36,973	42,585	46,194	49,480	53,486	56,328	62,487
33	38,058	43,745	47,400	50,725	54,776	57,648	63,870
34	39,141	44,903	48,602	51,966	56,061	58,964	65,247
35	40,223	46,059	49,802	53,203	57,342	60,275	66,619
36	41,304	47,212	50,998	54,437	58,619	61,581	67,985
37	42,383	48,363	52,192	55,668	59,893	62,883	69,346
38	43,462	49,513	53,384	56,896	61,162	64,181	70,703
39	44,539	50,660	54,572	58,120	62,428	65,476	72,055
40	**45,616**	**51,805**	**55,758**	**59,342**	**63,691**	**66,766**	**73,402**
41	46,692	52,949	56,942	60,561	64,950	68,053	74,745
42	47,766	54,090	58,124	61,777	66,206	69,336	76,084
43	48,840	55,230	59,304	62,990	67,459	70,616	77,419
44	49,913	56,369	60,481	64,201	68,710	71,893	78,750
45	50,985	57,505	61,656	65,410	69,957	73,166	80,077
46	52,056	58,641	62,830	66,617	71,201	74,437	81,400
47	53,127	59,744	64,001	67,821	72,443	75,704	82,720
48	54,196	60,907	65,171	69,023	73,683	76,969	84,037
49	55,265	62,038	66,339	70,222	74,919	78,231	85,351

n \ q	0,005	0,010	0,025	0,050	0,100	0,250	0,500
50	**27,991**	**29,707**	**32,357**	**34,764**	**37,689**	**42,942**	**49,335**
60	35,534	37,485	40,482	43,188	46,459	52,294	59,335
70	43,275	45,442	48,758	51,739	55,329	61,698	69,334
80	51,172	53,540	57,153	60,391	64,278	71,145	79,334
90	59,196	61,754	65,647	69,126	73,291	80,625	89,334
100	**67,238**	**70,065**	**74,222**	**77,929**	**82,358**	**90,133**	**99,334**

n \ q	0,750	0,900	0,950	0,975	0,990	0,995	0,999
50	**56,334**	**63,167**	**67,505**	**71,420**	**76,154**	**79,490**	**86,661**
60	66,981	74,397	79,082	83,298	88,379	91,952	99,607
70	77,577	85,527	90,531	95,023	100,425	104,215	112,317
80	88,130	96,578	101,879	106,629	112,329	116,321	124,839
90	98,650	107,565	113,145	118,136	124,116	128,299	137,208
100	**109,141**	**118,498**	**124,342**	**129,561**	**135,807**	**140,169**	**149,449**

Für das Quantil $\chi^2_{n;q}$ gilt $F(\chi^2_{n;q}) = q$.

Links vom Quantil $\chi^2_{n;q}$ liegt die Wahrscheinlichkeitsmasse q.

Ablesebeispiel: $\chi^2_{35;0,99} = 57,342$.

Für $\mathbf{n = 1}$ gilt für jedes α mit $0 < \alpha < 1$

$$\boldsymbol{\chi^2_{1;1-\alpha} = \sqrt{z^2_{1-\frac{\alpha}{2}}}} \;;$$

$z_{1-\frac{\alpha}{2}}$ ist das $(1-\frac{\alpha}{2})$-Quantil der Standardnortmalverteilung

asymptotische Approximationen für $\mathbf{0 < q < 1}$:

$$\chi^2_{n;q} \approx n \cdot \left[1 - \frac{2}{9n} + z_q \cdot \sqrt{\frac{2}{9n}}\right]^3 \quad \text{für } n > 30\;;$$

z_q = q-Quantil der Standardnormalverteilung.

$$\chi^2_{n;q} \approx n + \sqrt{2n}\, z_q \quad \text{für } n > 30\;;$$

z_q = q-Quantil der Standardnormalverteilung.

$$\chi^2_{n;q} \approx \frac{1}{2}\left[z_q + \sqrt{2n-1}\right]^2 \quad \text{für } n > 100\;;$$

z_q = q-Quantil der Standardnormalverteilung.

Tab. 5: Quantile $f_{(n_1, n_2);q}$ der F-Verteilung mit (n_1, n_2) Freiheitsgraden

n_2	q \ n_1	1	2	3	4	5	6	7	8	9	10
1	0,990	4052	4999	5403	5625	5764	5859	5928	5981	6022	6056
	0,975	647,8	799,5	864,2	899,6	921,8	937,1	948,2	956,7	963,3	968,6
	0,950	161,4	199,5	215,7	224,6	230,2	234,0	236,8	238,9	240,5	241,9
	0,900	39,86	49,50	53,59	55,83	57,24	58,20	58,91	59,44	59,86	60,20
2	0,990	98,50	99,00	99,17	99,25	99,30	99,33	99,36	99,37	99,39	99,40
	0,975	38,51	39,00	39,17	39,25	39,30	39,33	39,36	39,37	39,39	39,40
	0,950	18,51	19,00	19,16	19,25	19,30	19,33	19,35	19,37	19,38	19,40
	0,900	8,256	9,000	9,162	9,243	9,293	9,326	9,349	9,367	9,381	9,392
3	0,990	34,12	30,82	29,46	28,71	28,24	27,91	27,67	27,49	27,35	27,23
	0,975	17,44	16,04	15,44	15,10	14,88	14,73	14,62	14,54	14,47	14,42
	0,950	10,13	9,552	9,277	9,117	9,013	8,941	8,887	8,845	8,812	8,786
	0,900	5,538	5,462	5,391	5,343	5,309	5,285	5,266	5,252	5,240	5,230
4	0,990	21,20	18,00	16,69	15,98	15,52	15,21	14,98	14,80	14,66	14,55
	0,975	12,22	10,65	9,979	9,605	9,364	9,197	9,074	8,980	8,905	8,844
	0,950	7,709	6,944	6,591	6,388	6,256	6,163	6,094	6,041	5,999	5,964
	0,900	4,545	4,325	4,191	4,107	4,051	4,010	3,979	3,955	3,936	3,920
5	0,990	16,26	13,27	12,06	11,39	10,97	10,67	10,46	10,29	10,16	10,05
	0,975	10,01	8,434	7,764	7,388	7,416	6,978	6,853	6,757	6,681	6,619
	0,950	6,608	5,786	5,409	5,192	5,050	4,950	4,876	4,818	4,772	4,735
	0,900	4,060	3,780	3,619	3,520	3,453	3,405	3,368	3,339	3,316	3,297
6	0,990	13,75	10,92	9,780	9,148	8,746	8,466	8,260	8,102	7,976	7,874
	0,975	8,813	7,260	6,599	6,227	5,988	5,820	5,695	5,600	5,523	5,461
	0,950	5,987	5,143	4,757	4,534	4,387	4,284	4,207	4,147	4,099	4,060
	0,990	3,776	3,463	3,289	3,181	3,108	3,055	3,014	2,983	2,958	2,937
7	0,990	12,25	9,547	8,451	7,847	7,460	7,191	6,993	6,840	6,719	6,620
	0,975	8,073	6,542	5,890	5,523	5,285	5,119	4,995	4,899	4,823	4,761
	0,950	5,591	4,737	4,347	4,120	3,972	3,866	3,787	3,726	3,677	3,637
	0,900	3,589	3,257	3,074	2,961	2,883	2,827	2,785	2,752	2,725	2,703
8	0,990	11,26	8,649	7,591	7,006	6,632	6,371	6,178	6,029	5,911	5,814
	0,975	7,571	6,059	5,416	5,053	4,817	4,652	4,529	4,433	4,357	4,295
	0,950	5,318	4,459	4,066	3,838	3,687	3,581	3,500	3,438	3,388	3,347
	0,900	3,458	3,113	2,924	2,806	2,726	2,668	2,624	2,589	2,561	2,538
9	0,990	10,56	8,022	6,992	6,422	6,057	5,802	5,613	5,467	5,351	5,257
	0,975	7,209	5,715	5,078	4,718	4,484	4,320	4,197	4,102	4,026	3,964
	0,950	5,117	4,256	3,863	3,633	3,482	3,374	3,293	3,230	3,179	3,137
	0,900	3,360	3,006	2,813	2,693	2,611	2,551	2,505	2,469	2,440	2,146
10	0,990	10,04	7,559	6,552	5,994	5,636	5,386	5,200	5,057	4,942	4,849
	0,975	6,937	5,456	4,826	4,468	4,236	4,072	3,950	3,855	3,779	3,717
	0,950	4,965	4,103	3,708	3,478	3,326	3,217	3,135	3,072	3,020	2,978
	0,900	3,285	2,924	2,728	2,605	2,522	2,461	2,414	2,377	2,347	2,323

n_2	q \ n_1	11	12	13	14	15	16	17	18	19	20
1	0,990	6083	6106	6126	6143	6157	6170	6181	6192	6201	6209
	0,975	973,0	976,7	979,8	982,5	984,9	986,9	988,7	990,3	991,8	993,1
	0,950	243,0	243,9	244,7	245,4	245,9	246,5	246,9	247,3	247,7	248,0
	0,900	60,47	60,71	60,90	61,07	61,22	61,35	61,46	61,57	61,66	61,74
2	0,990	90,41	99,42	99,42	99,43	99,43	99,44	99,44	99,44	99,45	99,45
	0,975	39,41	39,41	39,42	39,43	39,43	39,44	39,44	39,44	39,45	39,45
	0,950	19,40	19,41	19,42	19,42	19,43	19,43	19,44	19,44	19,44	19,45
	0,900	9,401	9,408	9,415	9,420	9,425	9,429	9,433	9,436	9,439	9,441
3	0,990	27,13	27,05	26,98	26,92	26,87	26,83	26,79	26,75	26,72	26,69
	0,975	14,37	14,34	14,30	14,28	14,25	14,23	14,21	14,20	14,18	14,17
	0,950	8,763	8,745	8,729	8,715	8,703	8,692	8,683	8,675	8,667	8,660
	0,900	5,222	5,216	5,210	5,205	5,200	5,196	5,193	5,190	5,187	5,184
4	0,990	14,45	14,37	14,31	14,25	14,20	14,15	14,11	14,08	14,05	14,02
	0,975	8,794	8,751	8,715	8,684	8,657	8,633	8,611	8,592	8,575	8,560
	0,950	5,936	5,912	5,891	5,873	5,858	5,844	5,832	5,821	5,811	5,803
	0,900	3,907	3,896	3,886	3,878	3,870	3,864	3,858	3,853	3,849	3,844
5	0,990	9,263	9,888	9,825	9,770	9,722	9,680	9,643	9,610	9,580	9,553
	0,975	6,568	6,525	6,488	6,456	6,428	6,403	6,381	6,362	6,344	6,329
	0,950	4,704	4,678	4,655	4,636	4,619	4,604	4,590	4,578	4,568	4,558
	0,900	3,282	3,268	3,257	3,247	3,238	3,230	3,223	3,217	3,212	3,207
6	0,990	7,790	7,718	7,658	7,605	7,559	7,519	7,483	7,451	7,422	7,396
	0,975	5,410	5,366	5,329	5,297	5,269	5,244	5,222	5,202	5,184	5,168
	0,950	4,027	4,000	3,976	3,956	3,938	3,922	3,908	3,896	3,884	3,874
	0,900	2,919	2,905	2,892	2,881	2,871	2,863	2,855	2,848	2,842	2,836
7	0,990	6,538	6,469	6,410	6,359	6,314	6,275	6,240	6,209	6,181	6,155
	0,975	4,709	4,666	4,628	4,596	4,568	4,543	4,521	4,501	4,483	4,467
	0,950	3,603	3,575	3,550	3,529	3,511	3,494	3,480	3,467	3,455	3,445
	0,900	2,684	2,668	2,654	2,643	2,632	2,623	2,615	2,607	2,601	2,595
8	0,990	5,734	5,667	5,609	5,559	5,515	5,477	5,442	5,412	5,384	5,359
	0,975	4,243	4,200	4,162	4,130	4,101	4,076	4,054	4,034	4,016	3,999
	0,950	3,313	3,284	3,259	3,237	3,218	3,202	3,187	3,173	3,161	3,150
	0,900	2,519	2,502	2,488	2,475	2,464	2,455	2,446	2,438	2,431	2,425
9	0,990	5,178	5,111	5,055	5,005	4,962	4,924	4,890	4,860	4,833	4,808
	0,975	3,912	3,868	3,831	3,798	3,769	3,744	3,722	3,701	3,683	3,667
	0,950	3,102	3,073	3,048	3,025	3,006	2,989	2,974	2,960	2,948	2,936
	0,900	2,396	2,379	2,364	2,351	2,340	2,329	2,320	2,312	2,305	2,298
10	0,990	4,772	4,706	4,650	4,601	4,558	4,520	4,487	4,457	4,430	4,405
	0,975	3,665	3,621	3,583	3,550	3,522	3,496	3,474	3,453	3,435	3,419
	0,950	2,943	2,913	2,887	2,865	2,845	2,828	2,812	2,798	2,785	2,774
	0,900	2,302	2,284	2,269	2,255	2,244	2,233	2,224	2,215	2,208	2,201

n_2	q \ n_1	25	30	40	50	60	80	100	200	500	∞
1	0,990	6340	6261	6287	6303	6313	6326	6334	6350	6359	6366
	0,975	998,1	1001	1006	1008	1010	1012	1013	1016	1017	1018
	0,950	249,3	250,1	251,1	251,8	252,2	252,7	253,0	253,7	254,1	254,3
	0,900	62,06	62,26	62,53	62,69	62,79	62,93	63,01	63,17	63,26	63,33
2	0,990	99,46	99,47	99,47	99,48	99,48	99,49	99,49	99,49	99,50	99,50
	0,975	39,46	39,46	39,47	39,48	39,48	39,49	39,49	39,49	39,50	39,50
	0,950	19,46	19,46	19,47	19,48	19,48	19,48	19,49	19,49	19,49	19,50
	0,900	9,451	9,458	9,466	9,471	9,475	9,479	9,481	9,486	9,489	9,491
3	0,990	26,58	26,50	26,41	26,35	26,32	26,27	26,24	26,18	26,15	26,13
	0,975	14,12	14,08	14,04	14,01	13,99	13,97	13,96	13,93	13,91	13,90
	0,950	8,634	8,617	8,594	8,581	8,572	8,561	8,554	8,540	8,832	8,526
	0,900	5,175	5,168	5,160	5,155	5,151	5,147	5,144	5,139	5,136	5,134
4	0,990	13,91	13,84	13,75	13,69	13,65	13,61	13,58	13,52	13,49	13,46
	0,975	8,501	8,461	8,411	8,381	8,360	8,335	8,319	8,289	8,270	8,257
	0,950	5,769	5,746	5,717	5,699	5,688	5,673	5,664	5,646	5,635	5,628
	0,900	3,828	3,817	3,804	3,795	3,790	3,782	3,778	3,769	3,764	3,761
5	0,990	9,449	9,379	9,291	9,238	9,202	9,157	9,130	9,075	9,042	9,020
	0,975	6,268	6,227	6,175	6,144	6,123	6,096	6,080	6,048	6,028	6,015
	0,950	4,521	4,496	4,464	4,444	4,431	4,415	4,405	4,385	4,373	4,365
	0,900	3,187	3,174	3,157	3,147	3,140	3,132	3,126	3,116	3,109	3,105
6	0,990	7,296	7,229	7,143	7,091	7,057	7,013	9,987	6,934	6,902	6,880
	0,975	5,107	5,065	5,012	4,980	4,959	4,932	4,915	4,882	4,863	4,849
	0,950	3,774	3,808	3,774	3,754	3,740	3,722	3,712	3,690	3,677	3,669
	0,990	2,815	2,800	2,781	2,770	2,762	2,752	2,746	2,734	2,727	2,722
7	0,990	6,058	5,992	5,908	5,858	5,824	5,781	5,755	5,702	5,671	5,650
	0,975	4,405	4,362	4,309	4,276	4,254	4,227	4,210	4,176	4,156	4,142
	0,950	3,404	3,376	3,340	3,319	3,304	3,286	3,275	3,252	3,239	3,230
	0,900	2,571	2,555	2,535	2,523	2,514	2,504	2,497	2,484	2,476	2,471
8	0,990	5,263	5,198	5,116	5,065	5,032	4,989	4,963	4,911	4,880	4,859
	0,975	3,937	3,894	3,840	3,807	3,784	3,756	3,739	3,705	3,684	3,670
	0,950	3,108	3,079	3,043	3,020	3,005	2,986	2,975	2,951	2,937	2,928
	0,900	2,400	2,383	2,361	2,348	2,339	2,328	2,321	2,307	2,298	2,293
9	0,990	4,713	4,649	4,567	4,517	4,483	4,441	4,415	4,363	4,332	4,311
	0,975	3,604	3,560	3,505	3,472	3,449	3,421	3,403	3,368	3,347	3,333
	0,950	2,826	2,864	2,826	2,803	2,787	2,768	2,576	2,731	2,717	2,707
	0,900	2,272	2,255	2,232	2,218	2,208	2,196	2,189	2,174	2,165	2,159
10	0,990	4,311	4,247	4,165,	4,155	4,082	4,039	4,014	3,962	3,930	3,909
	0,975	3,355	3,311	3,255	3,221	3,198	3,169	3,152	3,116	3,094	3,080
	0,950	2,730	2,700	2,661	2,637	2,621	2,601	2,588	2,563	2,548	2,538
	0,900	2,174	2,155	2,132	2,117	2,107	2,095	2,087	2,071	2,062	2,055

n_2	q \ n_1	1	2	3	4	5	6	7	8	9	10
11	0,990	9,646	7,206	6,217	5,668	5,316	5,069	4,886	4,744	4,632	4,539
	0,975	6,724	5,256	4,630	4,257	4,044	3,881	3,759	3,664	3,588	3,526
	0,950	4,844	3,982	3,587	3,357	3,204	3,095	3,012	2,948	2,896	2,854
	0,900	3,225	2,860	2,660	2,536	2,451	2,389	2,342	2,304	2,274	2,248
12	0,990	9,330	6,927	5,953	5,412	5,064	4,821	4,640	4,499	4,388	4,296
	0,975	6,554	5,096	4,474	4,121	3,891	3,728	3,607	3,512	3,436	3,374
	0,950	4,747	3,885	3,490	3,259	3,106	2,996	2,913	2,849	2,796	2,753
	0,900	3,177	2,807	2,606	2,480	2,394	2,331	2,283	2,245	2,214	2,188
13	0,990	9,074	6,701	5,739	5,205	4,862	4,620	4,441	4,302	4,191	4,100
	0,975	6,414	4,965	4,347	3,996	3,767	3,604	3,483	3,388	3,312	3,250
	0,950	4,667	3,806	3,411	3,179	3,025	2,915	2,832	2,767	2,714	2,671
	0,900	3,136	2,763	2,560	2,434	2,347	2,283	2,234	2,195	2,164	2,138
14	0,990	8,862	6,515	5,564	5,035	4,695	4,456	4,278	4,140	4,030	3,939
	0,975	6,298	4,857	4,242	3,892	3,663	3,501	3,380	3,285	3,209	3,147
	0,950	4,600	3,739	3,344	3,112	2,958	2,848	2,764	2,699	2,646	2,602
	0,900	3,102	2,726	2,522	2,395	2,307	2,243	2,193	2,154	2,122	2,095
15	0,990	8,683	6,359	5,417	4,893	4,556	4,318	4,142	4,004	3,895	3,805
	0,975	6,200	4,765	4,153	3,804	3,576	3,415	3,293	3,199	3,123	3,060
	0,950	4,543	3,682	3,287	3,056	2,901	2,790	2,707	2,641	2,588	2,544
	0,900	3,073	2,965	2,490	2,361	2,273	2,208	2,158	2,119	2,086	2,059
16	0,990	8,531	6,226	5,292	4,773	4,437	4,202	4,026	3,890	3,780	3,691
	0,975	6,115	4,687	4,077	3,729	3,502	3,341	3,219	3,125	3,049	2,986
	0,950	4,494	3,634	3,239	3,007	2,852	2,741	2,657	2,591	2,538	2,494
	0,990	3,048	2,668	2,462	2,333	2,244	2,178	2,128	2,088	2,055	2,028
17	0,990	8,400	6,112	5,185	4,669	4,336	4,102	3,927	3,791	3,682	3,593
	0,975	6,042	4,619	4,011	3,665	4,438	3,277	3,156	3,061	2,985	2,922
	0,950	4,451	3,592	3,197	2,965	2,810	2,699	2,614	2,548	2,494	2,450
	0,900	3,026	2,645	2,437	2,308	2,218	2,152	2,102	2,061	2,028	2,001
18	0,990	8,285	6,013	5,092	4,579	4,248	4,015	3,841	3,705	3,597	3,508
	0,975	5,978	4,560	3,954	3,608	3,382	3,221	3,100	3,005	2,929	2,866
	0,950	4,414	3,555	3,160	2,928	2,773	2,661	2,577	2,510	2,456	2,412
	0,900	3,007	2,624	2,146	2,286	2,196	2,130	2,079	2,038	2,005	1,977
19	0,990	8,185	5,926	5,010	4,500	4,171	3,939	3,765	3,631	3,523	3,434
	0,975	5,922	4,508	3,903	3,559	3,333	3,172	3,051	2,956	2,880	2,817
	0,950	4,381	3,522	3,127	2,895	2,740	2,628	2,544	2,477	2,423	2,378
	0,900	2,990	2,606	2,397	2,266	2,176	2,109	2,058	2,017	1,984	1,956
20	0,990	8,096	5,849	4,938	4,431	4,103	3,871	3,699	3,564	3,457	3,368
	0,975	5,871	4,461	3,859	3,515	3,289	3,128	3,007	2,913	2,837	2,774
	0,950	4,351	3,493	3,098	2,866	2,711	2,599	2,514	2,477	2,393	2,348
	0,900	2,975	2,589	2,380	2,249	2,158	2,091	2,040	1,999	1,965	1,937

n_2	q \ n_1	11	12	13	14	15	16	17	18	19	20
11	0,990	4,462	4,397	4,342	4,293	4,251	4,213	4,180	4,150	4,123	4,099
	0,975	3,474	3,430	3,392	3,359	3,330	3,304	3,282	3,261	3,243	3,226
	0,950	2,818	2,788	2,761	2,739	2,179	2,701	2,685	2,671	2,658	2,646
	0,900	2,227	2,209	2,193	2,179	2,167	2,156	2,147	2,138	2,130	2,123
12	0,990	4,220	4,155	4,100	4,052	4,010	3,972	3,939	3,909	3,883	3,858
	0,975	3,321	3,277	3,239	3,206	3,177	3,152	3,129	3,108	3,090	3,073
	0,950	2,717	2,687	2,660	2,637	2,617	2,599	2,583	2,568	2,555	2,544
	0,900	2,166	2,147	2,131	2,117	2,105	2,094	2,084	2,075	2,067	2,060
13	0,990	4,025	3,960	3,905	3,857	3,815	3,778	3,745	3,716	3,689	3,665
	0,975	3,197	3,153	3,115	3,082	3,053	3,027	3,004	2,983	2,965	2,948
	0,950	2,635	2,604	2,577	2,533	2,533	2,515	2,499	2,484	2,471	2,459
	0,900	2,116	2,097	2,080	2,066	2,053	2,042	2,032	2,023	2,014	2,007
14	0,990	3,864	3,800	3,745	3,697	3,656	3,619	3,586	3,556	3,529	3,505
	0,975	3,095	3,050	3,012	2,978	2,949	2,923	2,900	2,879	2,861	2,844
	0,950	2,565	2,534	2,507	2,484	2,463	2,445	2,428	2,413	2,400	2,388
	0,900	2,073	2,054	2,037	2,022	2,010	1,998	1,988	1,978	1,970	1,962
15	0,990	3,730	3,666	3,612	3,564	3,522	3,485	3,452	3,423	3,396	3,372
	0,975	3,008	2,963	2,925	2,891	2,862	2,836	2,813	2,792	2,773	2,756
	0,950	2,507	2,475	2,448	2,424	2,403	2,385	2,368	2,353	2,340	2,328
	0,900	2,037	2,017	2,000	1,985	1,972	1,961	1,950	1,941	1,932	1,924
16	0,990	3,616	3,553	3,498	3,450	3,409	3,372	3,339	3,310	3,283	3,259
	0,975	2,934	2,889	2,851	2,817	2,788	2,761	2,738	2,717	2,698	2,681
	0,950	2,456	2,425	2,397	2,373	2,352	2,333	2,317	2,302	2,288	2,276
	0,990	2,005	1,985	1,968	1,953	1,940	1,928	1,917	1,908	1,899	1,891
17	0,990	3,519	3,455	3,401	3,353	3,312	3,275	3,242	3,212	3,186	3,162
	0,975	2,870	2,825	2,786	2,753	2,723	2,697	2,673	2,652	2,633	2,616
	0,950	2,413	2,381	2,353	2,329	2,308	2,289	2,272	2,257	2,243	2,230
	0,900	1,978	1,958	1,940	1,925	1,912	1,900	1,889	1,879	1,870	1,862
18	0,990	3,434	3,371	3,316	3,269	3,227	3,190	3,158	3,128	3,101	3,077
	0,975	2,814	2,769	2,730	2,696	2,667	2,640	2,617	2,596	2,576	2,559
	0,950	2,374	2,342	2,314	2,290	2,269	2,250	2,233	2,217	2,203	2,191
	0,900	1,954	1,933	1,916	1,900	1,887	1,875	1,864	1,854	1,845	1,837
19	0,990	3,360	3,297	3,242	3,195	3,153	3,116	3,084	3,054	3,027	3,003
	0,975	2,765	2,720	2,681	2,647	2,617	2,591	2,567	2,546	2,526	2,509
	0,950	2,340	2,308	2,280	2,256	2,234	2,215	2,198	2,182	2,168	2,155
	0,900	1,932	1,912	1,894	1,878	1,865	1,852	1,841	1,831	1,822	1,814
20	0,990	3,294	3,231	3,177	3,130	3,088	3,051	3,018	2,989	2,962	2,938
	0,975	2,721	2,676	2,637	2,603	2,573	2,547	2,523	2,501	2,482	2,464
	0,950	2,310	2,278	2,250	2,225	2,203	2,184	2,167	2,151	2,137	2,124
	0,900	1,913	1,892	1,875	1,859	1,845	1,833	1,821	1,811	1,802	1,794

n_2	n_1 / q	25	30	40	50	60	80	100	200	500	∞
11	0,990	4,005	3,941	3,860	3,810	3,776	3,734	3,708	3,656	3,624	3,602
	0,975	3,162	3,118	3,061	3,027	3,004	2,794	2,956	2,920	2,898	2,883
	0,950	2,601	2,570	2,531	2,507	2,490	2,469	2,457	2,431	2,415	2,404
	0,900	2,095	2,076	2,052	2,036	2,026	2,013	2,005	1,989	1,983	1,972
12	0,990	3,765	3,701	3,619	3,569	3,535	3,493	3,467	3,414	3,382	3,361
	0,975	3,008	2,963	2,906	2,871	2,848	2,818	2,800	2,763	2,740	2,725
	0,950	2,498	2,466	2,426	2,401	2,384	2,363	2,350	2,323	2,307	2,296
	0,900	2,031	2,011	1,986	1,970	1,960	1,946	1,938	1,921	1,911	1,904
13	0,990	3,571	3,507	3,425	3,375	3,341	3,298	3,272	3,219	3,187	3,165
	0,975	2,882	2,837	2,780	2,744	2,720	2,690	2,671	2,634	2,611	2,595
	0,950	2,412	2,380	2,339	2,314	2,297	2,275	2,261	2,234	2,218	2,206
	0,900	1,978	1,958	1,931	1,915	1,904	1,890	1,882	1,864	1,854	1,846
14	0,990	3,412	3,348	3,266	3,215	3,181	3,138	3,112	3,059	3,026	3,004
	0,975	2,778	2,732	2,674	2,638	2,614	2,583	2,565	2,526	2,503	2,487
	0,950	2,341	2,308	2,266	2,241	2,223	2,201	2,187	2,159	2,142	2,131
	0,900	1,933	1,912	1,885	1,869	1,857	1,843	1,834	1,816	1,805	1,797
15	0,990	3,278	3,214	3,132	3,081	3,047	3,004	2,977	2,923	2,891	2,868
	0,975	2,689	2,644	2,585	2,549	2,524	2,493	2,474	2,435	2,411	2,395
	0,950	2,280	2,247	2,204	2,178	2,160	2,137	2,123	2,095	2,078	2,066
	0,900	1,894	1,873	1,845	1,828	1,817	1,802	1,793	1,774	1,763	1,755
16	0,990	3,165	3,101	3,018	2,967	2,933	2,889	2,863	2,808	2,775	2,753
	0,975	2,614	2,568	2,509	2,472	2,447	2,415	2,396	2,357	2,333	2,316
	0,950	2,227	2,194	2,151	2,124	2,106	2,083	2,068	2,039	2,022	2,010
	0,990	1,860	1,839	1,811	1,793	1,782	1,766	1,757	1,738	1,726	1,718
17	0,990	3,068	3,003	2,920	2,869	2,835	2,791	2,764	2,709	2,676	2,653
	0,975	2,548	2,502	2,442	2,405	2,380	2,348	2,329	2,289	2,264	2,247
	0,950	2,181	2,148	2,104	2,077	2,058	2,035	2,020	1,991	1,973	1,960
	0,900	1,831	1,809	1,781	1,763	1,751	1,735	1,726	1,706	1,694	1,686
18	0,990	2,983	2,919	2,835	2,784	2,749	2,705	2,678	2,623	2,589	2,566
	0,975	2,491	2,444	2,384	2,347	2,321	2,289	2,269	2,229	2,204	2,187
	0,950	2,141	2,107	2,063	2,035	2,017	1,993	1,978	1,948	1,929	1,917
	0,900	1,805	1,783	1,754	1,736	1,723	1,707	1,698	1,678	1,665	1,657
19	0,990	2,909	2,844	2,761	2,709	2,674	2,630	2,602	2,547	2,512	2,489
	0,975	2,441	2,394	2,333	2,295	2,270	2,237	2,217	2,176	2,150	2,133
	0,950	2,106	2,071	2,026	1,999	1,980	1,955	1,940	1,910	1,891	1,878
	0,900	1,782	1,759	1,730	1,711	1,699	1,683	1,673	1,652	1,639	1,631
20	0,990	2,843	2,778	2,695	2,643	2,608	2,563	2,535	2,479	2,445	2,421
	0,975	2,396	2,349	2,287	2,249	2,223	2,190	2,170	2,128	2,103	2,085
	0,950	2,074	2,039	1,994	1,966	1,946	1,922	1,907	1,875	1,856	1,843
	0,900	1,761	1,738	1,708	1,690	1,677	1,660	1,650	1,629	1,616	1,607

n_2	q \ n_1	1	2	3	4	5	6	7	8	9	10
25	0,990	7,770	5,568	4,675	4,177	3,855	3,627	3,457	3,324	3,217	3,129
	0,975	5,686	4,291	3,694	3,353	3,129	2,969	2,848	2,753	2,677	2,613
	0,950	4,242	3,385	2,991	2,759	2,603	2,490	2,405	2,337	2,282	2,236
	0,900	2,918	2,528	2,317	2,184	2,092	2,024	1,971	1,929	1,895	1,866
30	0,990	7,562	5,390	4,510	4,018	3,699	3,473	3,304	3,173	3,067	2,979
	0,975	5,568	4,182	3,589	3,250	3,026	2,867	2,746	2,651	2,275	2,511
	0,950	4,171	3,316	2,922	2,690	2,534	2,421	2,334	2,266	2,211	2,165
	0,900	2,881	2,489	2,276	2,142	2,049	1,980	1,927	1,884	1,849	1,819
40	0,990	7,314	5,179	4,313	3,828	3,514	3,291	3,124	2,993	2,888	2,801
	0,975	5,424	4,051	3,463	3,126	2,904	2,744	2,624	2,529	2,452	2,388
	0,950	4,085	3,232	2,839	2,606	2,449	2,336	2,249	2,180	2,124	2,077
	0,900	2,835	2,440	2,226	2,091	1,997	1,927	1,873	1,829	1,793	1,763
50	0,990	7,171	5,057	4,199	3,720	3,048	3,186	3,020	2,890	2,785	2,698
	0,975	5,340	3,975	3,390	3,054	2,833	2,674	2,553	2,458	2,381	2,317
	0,950	4,034	3,183	2,790	2,557	2,400	2,286	2,199,	2,130	2,073	2,026
	0,900	2,809	2,412	2,197	2,061	1,966	1,895	1,840	1,796	1,760	1,729
60	0,990	7,077	4,977	4,126	3,649	3,339	3,119	2,953	2,823	2,718	2,632
	0,975	5,286	3,925	3,343	3,008	2,786	2,627	2,507	2,412	2,334	2,270
	0,950	4,001	3,510	2,758	2,525	2,368	2,254	2,167	2,097	2,040	1,993
	0,900	2,791	2,393	2,177	2,041	1,946	1,875	1,819	1,775	1,738	1,707
80	0,990	6,963	4,881	4,036	3,563	3,255	3,036	2,871	2,742	2,637	2,551
	0,975	5,218	3,864	3,284	2,950	2,730	2,571	2,450	2,355	2,277	2,213
	0,950	3,960	3,111	2,719	2,486	2,329	2,214	2,126	2,056	1,999	1,951
	0,900	2,769	2,370	2,514	2,016	1,921	1,849	1,793	1,748	1,711	1,680
100	0,990	6,895	4,824	3,984	3,513	3,206	2,988	2,823	2,694	2,590	2,503
	0,975	5,179	3,828	2,250	2,917	2,696	2,537	2,417	2,321	2,244	2,179
	0,950	3,936	3,087	2,696	2,463	2,305	2,191	2,103	2,032	1,975	1,927
	0,900	2,756	2,356	2,139	2,002	1,906	1,834	1,778	1,732	1,695	1,663
200	0,990	6,763	4,713	3,881	3,414	3,110	2,893	2,730	2,601	2,497	2,411
	0,975	5,100	3,758	3,182	2,850	2,630	2,472	2,351	2,256	2,178	2,113
	0,950	3,888	3,041	2,650	2,417	2,259	2,144	2,056	1,985	1,927	1,878
	0,900	2,731	2,329	2,111	1,973	1,876	1,804	1,747	1,701	1,663	1,631
500	0,990	6,686	4,648	3,821	3,357	3,054	2,838	2,675	2,547	2,443	2,357
	0,975	5,054	3,716	3,142	2,811	2,592	2,434	2,313	2,217	2,139	2,074
	0,950	3,860	3,014	2,623	2,390	2,232	2,117	2,028	1,957	1,899	1,850
	0,900	2,716	2,313	2,095	1,956	1,859	1,786	1,729	1,683	1,644	1,612
∞	0,990	6,635	4,605	3,782	3,319	3,017	2,802	2,639	2,511	2,407	2,321
	0,975	5,024	3,689	3,116	2,786	2,567	2,408	2,288	2,192	2,114	2,048
	0,950	3,841	2,996	2,605	2,372	2,214	2,099	2,010	1,938	1,880	1,831
	0,900	2,706	2,303	2,084	1,945	1,847	1,774	1,717	1,670	1,632	1,599

n_2	q \ n_1	11	12	13	14	15	16	17	18	19	20
25	0,990	3,056	2,993	2,939	2,892	2,850	2,813	2,780	2,751	2,724	2,699
	0,975	2,560	2,515	2,476	2,441	2,411	2,384	2,360	2,338	2,318	2,300
	0,950	2,198	2,165	2,136	2,111	2,089	2,069	2,051	2,035	2,021	2,007
	0,900	1,841	1,820	1,802	1,785	1,771	1,758	1,746	1,736	1,726	1,718
30	0,990	2,905	2,843	2,789	2,742	2,700	2,663	2,630	2,600	2,573	2,549
	0,975	2,458	2,412	2,372	2,338	2,307	2,280	2,255	2,233	2,213	2,195
	0,950	2,126	2,092	2,063	2,037	2,015	1,995	1,976	1,960	1,945	1,932
	0,900	1,794	1,773	1,754	1,737	1,722	1,709	1,697	1,686	1,676	1,667
40	0,990	2,727	2,665	2,611	2,563	2,522	2,484	2,451	2,421	2,394	2,369
	0,975	2,334	2,288	2,248	2,213	2,182	2,154	2,129	2,107	2,086	2,068
	0,950	2,038	2,003	1,974	1,947	1,924	1,904	1,885	1,868	1,853	1,839
	0,900	1,737	1,715	1,695	1,678	1,662	1,649	1,636	1,625	1,615	1,605
50	0,990	2,625	2,562	2,508	2,461	2,419	2,382	2,348	2,318	2,290	2,265
	0,975	2,263	2,216	2,176	2,140	2,109	2,081	2,056	2,033	2,012	1,993
	0,950	1,986	1,952	1,921	1,895	1,871	1,850	1,831	1,814	1,798	1,784
	0,900	1,703	1,680	1,660	1,643	1,627	1,613	1,600	1,588	1,578	1,568
60	0,990	2,559	2,496	2,442	2,394	2,352	2,315	2,281	2,251	2,223	2,198
	0,975	2,216	2,169	2,129	2,093	2,061	2,033	2,008	1,985	1,964	1,944
	0,950	1,952	1,917	1,887	1,860	1,836	1,815	1,796	1,778	1,763	1,748
	0,900	1,680	1,657	1,637	1,619	1,603	1,589	1,576	1,564	1,553	1,543
80	0,990	2,478	2,415	2,361	2,313	2,271	2,233	2,199	2,169	2,141	2,115
	0,975	2,158	2,111	2,071	2,035	2,003	1,974	1,948	1,925	1,904	1,884
	0,950	1,910	1,875	1,845	1,817	1,793	1,772	1,752	1,734	1,718	1,703
	0,900	1,653	1,629	1,609	1,590	1,574	1,559	1,546	1,534	1,523	1,513
100	0,990	2,430	2,367	2,313	2,265	2,223	2,185	2,151	2,120	2,092	2,067
	0,975	2,124	2,077	2,036	2,000	1,968	1,939	1,913	1,890	1,868	1,849
	0,950	1,886	1,850	1,819	1,792	1,768	1,746	1,726	1,708	1,691	1,676
	0,900	1,636	1,612	1,592	1,573	1,557	1,542	1,528	1,516	1,505	1,494
200	0,990	2,338	2,275	2,220	2,172	2,129	2,091	2,057	2,026	1,997	1,971
	0,975	2,058	2,010	1,969	1,932	1,900	1,870	1,844	1,820	1,798	1,778
	0,950	1,837	1,801	1,769	1,742	1,717	1,694	1,674	1,656	1,639	1,623
	0,900	1,603	1,579	1,558	1,539	1,522	1,507	1,493	1,480	1,468	1,458
500	0,990	2,283	2,220	2,166	2,117	2,075	2,036	2,002	1,970	1,942	1,915
	0,975	2,019	1,971	1,929	1,892	1,859	1,830	1,803	1,779	1,757	1,736
	0,950	1,808	1,772	1,740	1,712	1,686	1,664	1,643	1,625	1,607	1,592
	0,900	1,584	1,559	1,537	1,518	1,501	1,485	1,471	1,458	1,446	1,435
∞	0,990	2,248	2,185	2,130	2,081	2,039	2,000	1,965	1,934	1,905	1,878
	0,975	1,993	1,945	1,903	1,866	1,833	1,803	1,776	1,752	1,729	1,708
	0,950	1,789	1,752	1,720	1,692	1,666	1,644	1,623	1,604	1,587	1,571
	0,900	1,571	1,546	1,524	1,505	1,487	1,471	1,457	1,444	1,432	1,421

n_2	q \ n_1	25	30	40	50	60	80	100	200	500	∞
25	0,990	2,604	2,538	2,453	2,400	2,364	2,317	2,289	2,230	2,200	2,176
	0,975	2,230	2,182	2,118	2,079	2,052	2,017	1,996	1,952	1,926	1,908
	0,950	1,955	1,919	1,872	1,842	1,822	1,796	1,779	1,746	1,726	1,712
	0,900	1,683	1,659	1,627	1,607	1,593	1,576	1,565	1,542	1,527	1,517
30	0,990	2,453	2,386	2,299	2,245	2,208	2,160	2,131	2,070	2,032	2,006
	0,975	2,124	2,074	2,009	1,968	1,940	1,904	1,882	1,835	1,807	1,787
	0,950	1,878	1,841	1,792	1,761	1,740	1,712	1,695	1,660	1,638	1,622
	0,900	1,632	1,606	1,573	1,552	1,538	1,519	1,507	1,482	1,467	1,456
40	0,990	2,271	2,203	2,114	2,058	2,019	1,969	1,938	1,874	1,833	1,805
	0,975	1,994	1,943	1,875	1,832	1,803	1,764	1,741	1,691	1,659	1,637
	0,950	1,783	1,744	1,693	1,660	1,637	1,608	1,589	1,551	1,526	1,509
	0,900	1,568	1,541	1,506	1,483	1,467	1,447	1,434	1,406	1,389	1,377
50	0,990	2,167	2,098	2,007	1,949	1,909	1,857	1,825	1,757	1,713	1,683
	0,975	1,919	1,866	1,796	1,752	1,721	1,681	1,656	1,603	1,569	1,545
	0,950	1,727	1,687	1,634	1,599	1,576	1,544	1,525	1,484	1,457	1,438
	0,900	1,529	1,502	1,465	1,441	1,424	1,402	1,388	1,359	1,340	1,327
60	0,990	2,098	2,028	1,936	1,877	1,836	1,783	1,749	1,678	1,633	1,601
	0,975	1,869	1,815	1,744	1,699	1,667	1,625	1,599	1,543	1,508	1,482
	0,950	1,690	1,649	1,594	1,559	1,534	1,502	1,481	1,438	1,409	1,389
	0,900	1,504	1,476	1,437	1,413	1,395	1,372	1,358	1,326	1,306	1,291
80	0,990	2,015	1,944	1,849	1,788	1,746	1,690	1,655	1,579	1,530	1,494
	0,975	1,807	1,752	1,679	1,632	1,599	1,555	1,527	1,467	1,428	1,400
	0,950	1,644	1,602	1,545	1,508	1,482	1,448	1,426	1,379	1,347	1,325
	0,900	1,472	1,443	1,403	1,377	1,358	1,334	1,318	1,284	1,261	1,245
100	0,990	1,965	1,893	1,797	1,735	1,692	1,634	1,598	1,518	1,466	1,427
	0,975	1,770	1,715	1,640	1,592	1,558	1,512	1,483	1,420	1,378	1,347
	0,950	1,616	1,573	1,515	1,477	1,450	1,415	1,392	1,342	1,308	1,283
	0,900	1,453	1,423	1,382	1,355	1,336	1,310	1,293	1,257	1,232	1,214
200	0,990	1,868	1,794	1,694	1,629	1,583	1,521	1,481	1,391	1,328	1,279
	0,975	1,698	1,640	1,562	1,511	1,474	1,425	1,393	1,320	1,269	1,229
	0,950	1,561	1,516	1,455	1,415	1,386	1,346	1,321	1,263	1,221	1,189
	0,900	1,414	1,383	1,339	1,310	1,289	1,261	1,242	1,199	1,168	1,144
500	0,990	1,812	1,735	1,633	1,566	1,517	1,452	1,408	1,308	1,232	1,164
	0,975	1,655	1,596	1,515	1,462	1,423	1,370	1,336	1,254	1,192	1,137
	0,950	1,528	1,482	1,419	1,376	1,346	1,303	1,275	1,210	1,159	1,113
	0,900	1,391	1,358	1,313	1,282	1,260	1,229	1,209	1,160	1,122	1,087
∞	0,990	1,774	1,696	1,592	1,523	1,473	1,404	1,358	1,247	1,153	1,000
	0,975	1,626	1,588	1,484	1,428	1,388	1,333	1,296	1,205	1,128	1,000
	0,950	1,506	1,476	1,394	1,350	1,318	1,274	1,243	1,170	1,106	1,000
	0,900	1,375	1,342	1,295	1,263	1,240	1,207	1,850	1,130	1,082	1,000

Tabelliert sind nur rechtsseitige Quantile.

Für das Quantil $f_{(n_1, n_2); q}$ gilt $F(f_{(n_1, n_2); q}) = q$;

Links vom Quantil $f_{(n_1, n_2); q}$ liegt die Wahrscheinlichkeitsmasse q.

Ablesebeispiel: $f_{(18, 12); 0,95} = 2,568$

linksseitige Quantile: $f_{(n_1, n_2); q} = \dfrac{1}{f_{(n_2, n_1); 1-q}}$.

Beziehung zur t-Verteilung: $f_{(1, n_2); q} = [t_{n_2; q}]^2$

$t_{n_2; q}$ = q-Quantil der t-Verteilung mit n_2 Freiheitsgraden

Beziehung zur Standardnormalverteilung: $f_{(1, \infty); q} = [z_q]^2$

z_q = q-Quantil der Standardnormalverteilung

Grenzwerte

$$f_{(n_1, \infty); q} = \frac{\chi^2_{n_1; 1-q}}{n_1}; \quad f_{(\infty, n_2); q} = \frac{n_2}{\chi^2_{n_2; q}}; \quad f_{(\infty, \infty); q} = 1$$

Tab. 6: Ablehnungsgrenzen beim Kolmogorow-Smirnow-Einstichprobentest

Die Tabelle gibt folgende kritischen Grenzen an:

beim einseitigen Test: $d_{n;1-2\alpha}$ maximal mit $P(D_n^+ \leq d_{n;1-2\alpha}) \leq 1-\alpha$;

beim zweiseitigen Test: $d_{n;1-\alpha}$ maximal mit $P(D_n \leq d_{n;1-\alpha}) \leq 1-\alpha$.

einseitig: $d_{n;1-2\alpha}$	$\alpha = 0{,}005$	$\alpha = 0{,}01$	$\alpha = 0{,}025$	$\alpha = 0{,}05$	$\alpha = 0{,}1$
zweiseitig: $d_{n;1-\alpha}$	$\alpha = 0{,}01$	$\alpha = 0{,}02$	$\alpha = 0{,}05$	$\alpha = 0{,}1$	$\alpha = 0{,}2$
n = 1	0,995	0,990	0,975	0,950	0,900
2	0,929	0,900	0,842	0,776	0,864
3	0,829	0,785	0,708	0,636	0,565
4	0,734	0,689	0,624	0,565	0,493
5	0,669	0,627	0,563	0,509	0,447
6	0,617	0,577	0,519	0,468	0,410
7	0,576	0,538	0,483	0,436	0,381
8	0,542	0,507	0,454	0,410	0,358
9	0,513	0,480	0,430	0,387	0,339
10	**0,489**	**0,457**	**0,409**	**0,369**	**0,323**
11	0,468	0,437	0,391	0,352	0,308
12	0,449	0,419	0,375	0,338	0,296
13	0,432	0,404	0,361	0,325	0,285
14	0,418	0,390	0,349	0,314	0,275
15	0,404	0,377	0,338	0,304	0,266
16	0,392	0,366	0,327	0,295	0,258
17	0,381	0,355	0,318	0,286	0,250
18	0,371	0,346	0,309	0,279	0,244
19	0,361	0,337	0,301	0,271	0,237
20	**0,352**	**0,329**	**0,294**	**0,265**	**0,232**
21	0,344	0,321	0,287	0,259	0,226
22	0,337	0,314	0,281	0,253	0,221
23	0,330	0,307	0,275	0,247	0,216
24	0,323	0,301	0,269	0,242	0,212
25	0,317	0,295	0,264	0,238	0,208
26	0,311	0,290	0,259	0,233	0,204
27	0,305	0,284	0,254	0,229	0,200
28	0,300	0,279	0,250	0,225	0,197
29	0,295	0,275	0,246	0,221	0,193
30	**0,290**	**0,270**	**0,242**	**0,218**	**0,190**
31	0,285	0,266	0,238	0,214	0,187
32	0,281	0,262	0,234	0,211	0,184
33	0,277	0,258	0,231	0,208	0,182
34	0,273	0,254	0,227	0,205	0,179
35	0,269	0,251	0,224	0,202	0,177
36	0,265	0,247	0,221	0,199	0,174
37	0,262	0,244	0,218	0,196	0,172
38	0,258	0,241	0,215	0,194	0,170
39	0,255	0,238	0,213	0,191	0,168
40	**0,252**	**0,235**	**0,210**	**0,189**	**0,165**
Näherung für n > 40	$\frac{1{,}6276}{\sqrt{n}}$	$\frac{1{,}5174}{\sqrt{n}}$	$\frac{1{,}3581}{\sqrt{n}}$	$\frac{1{,}2239}{\sqrt{n}}$	$\frac{1{,}0730}{\sqrt{n}}$

Tab. 7 : Ablehnungsgrenzen beim Kolmogorow-Smirnow-Zweistichprobentest bei gleichen Stichprobenumfängen ($n_1 = n_2 = n$)

Tabelliert sind die Werte $n \cdot d_{n;1-\alpha}$ (zweiseitig) bzw. $n \cdot d_{n;1-2\alpha}$ (einseitig)

Zur Berechnung der Ablehnungsgrenzen müssen die angebenenen Werte noch durch n dividiert werden. Die Grenzen gehören zum Ablehnungsbereich

einseitig: $n \cdot d_{n;1-2\alpha}$	$\alpha = 0{,}005$	$\alpha = 0{,}01$	$\alpha = 0{,}025$	$\alpha = 0{,}05$	$\alpha = 0{,}1$
zweiseitig: $n \cdot d_{n;1-\alpha}$	$\alpha = 0{,}01$	$\alpha = 0{,}02$	$\alpha = 0{,}05$	$\alpha = 0{,}1$	$\alpha = 0{,}2$
n = 1	–	–	–	–	–
2	–	–	–	–	–
3	–	–	–	2	2
4	–	–	3	3	3
5	4	4	4	3	3
6	5	5	4	4	3
7	5	5	5	4	4
8	6	5	5	4	4
9	6	6	5	5	4
10	**7**	**6**	**6**	**5**	**4**
11	7	7	6	5	5
12	7	7	6	5	5
13	8	7	6	6	5
14	8	7	7	6	5
15	8	8	7	6	5
16	9	8	7	6	6
17	9	8	7	7	6
18	9	9	8	7	6
19	9	9	8	7	6
20	**10**	**9**	**8**	**7**	**6**
21	10	9	8	7	6
22	10	10	8	8	7
23	10	10	9	8	7
24	11	10	9	8	7
25	11	10	9	8	7
26	11	10	9	8	7
27	11	11	9	8	7
28	12	11	10	9	8
29	12	11	10	9	8
30	**12**	**11**	**10**	**9**	**8**
31	12	11	10	9	8
32	12	12	10	9	8
33	13	12	11	9	8
34	13	12	11	10	8
35	13	12	11	10	8
36	13	12	11	10	9
37	13	13	11	10	9
38	14	13	11	10	9
39	14	13	12	10	9
40	**14**	**13**	**12**	**10**	**9**
Näherung für $d_{n;1-2\alpha}$ bzw $d_{n;1-\alpha}$ für $n > 40$	$\frac{2{,}3018}{\sqrt{n}}$	$\frac{2{,}1460}{\sqrt{n}}$	$\frac{1{,}9206}{\sqrt{n}}$	$\frac{1{,}7308}{\sqrt{n}}$	$\frac{1{,}5174}{\sqrt{n}}$

Tab. 8 : Ablehnungsgrenzen beim Wilcoxon-Vorzeichen-Rangtest

n \ α	0,0001	0,0025	0,005	0,01	0,025	0,05	0,1	0,2
4	–	–	–	–	–	–	0	2
5	–	–	–	–	–	0	2	3
6	–	–	–	–	0	2	3	5
7	–	–	–	0	2	3	5	8
8	–	–	0	1	3	5	8	11
9	–	0	1	3	5	8	10	14
10	**0**	**1**	**3**	**5**	**8**	**10**	**14**	**18**
11	1	3	5	7	10	13	17	22
12	2	5	7	9	13	17	21	27
13	4	7	9	12	17	21	26	32
14	6	9	12	15	21	25	31	38
15	8	12	15	19	25	30	36	44
16	11	15	19	23	29	35	42	50
17	14	19	23	27	34	41	48	57
18	18	23	27	32	40	47	55	65
19	21	27	32	37	46	53	62	73
20	**26**	**32**	**37**	**43**	**52**	**60**	**69**	**81**
21	30	37	42	49	58	67	77	90
22	35	42	48	55	65	75	86	99
23	40	48	54	62	73	83	94	109
24	45	54	61	69	81	91	104	119
25	51	60	68	76	89	100	113	130
26	58	67	75	84	98	110	124	153
27	64	74	83	92	107	119	134	141
28	71	82	91	101	116	130	145	165
29	79	90	100	110	126	140	157	177
30	**86**	**98**	**109**	**120**	**137**	**151**	**169**	**190**
31	94	107	118	130	147	163	181	204
32	103	116	128	140	159	175	194	218
33	112	126	138	151	170	187	207	232
34	121	136	148	162	182	200	221	247
35	131	146	159	173	195	213	235	262
36	141	157	171	185	208	227	250	278
37	151	168	182	198	221	241	265	294
38	162	180	194	211	235	256	281	311
39	173	192	207	224	249	271	297	328
40	**185**	**204**	**220**	**238**	**264**	**286**	**313**	**346**
41	197	217	233	252	279	302	330	364
42	209	230	247	266	294	319	348	383
43	222	244	261	281	310	336	365	402
44	235	258	276	296	327	353	384	421
45	249	272	291	312	343	371	402	441
46	263	287	307	328	361	389	422	462
47	277	302	322	345	378	407	441	483
48	292	318	339	362	396	426	462	504
49	307	334	355	379	415	446	482	526

n \ α	0,0001	0,0025	0,005	0,01	0,025	0,05	0,1	0,2
50	**323**	**350**	**373**	**397**	**434**	**466**	**503**	**549**
51	339	367	390	416	453	486	525	572
52	355	384	408	434	473	507	547	595
53	372	402	427	454	494	529	569	619
54	389	420	445	473	514	550	592	643
55	407	439	465	493	536	573	615	668
56	425	457	484	514	557	595	639	693
57	443	477	504	535	579	618	664	719
58	462	497	525	556	602	642	688	745
59	482	517	546	578	625	666	714	772
60	**501**	**537**	**567**	**600**	**648**	**690**	**739**	**799**

Tabelliert sind die linksseitigen Quantile $w^+_{n;\alpha}$ mit

$P(W^+_n \le w^+_{n;\alpha}) \le \alpha$ und $P(W^+_n \le w^+_{n;\alpha} + 1) > \alpha$.

Die angegebenen Grenzen gehören zum Ablehnungsbereich.

Rechtsseitige Quantile erhält man durch

$$w^+_{n;1-\alpha} = \frac{n \cdot (n+1)}{2} - w^+_{n;\alpha} .$$

Asymptotische Approximation

Für $n > 25$ gilt die Näherung

$$w^+_{n;\alpha} \approx \frac{n \cdot (n+1)}{2} - z_{1-\alpha} \cdot \sqrt{\frac{n \cdot (n+1) \cdot (2n+1)}{24} - \frac{1}{48} \sum_{j=1}^{m} (b_j^3 - b_j)}$$

mit $z_{1-\alpha} = (1-\alpha)$ - Quantil der Standard-Normalverteilung mit

$$\Phi(z_{1-\alpha}) = 1 - \alpha ;$$

m = Anzahl der verschiedenen Bindungsgruppen mit jeweils b_j ranggleichen Elementen.

Falls keine Bindungen auftreten, setzt man $\frac{1}{48} \sum_{j=1}^{m} (b_j^3 - b_j) = 0$.

Tab. 9 : Ablehnungsgrenzen beim Wilcoxon-Rangsummen-Test

		n_1											
n_2	α	2	3	4	5	6	7	8	9	10	11	12	n_2
3	0,005	–	–										**3**
	0,010	–	–										
	0,025	–	–										
	0,05	–	6										
	0,10	3	7										
4	0,005	–	–	–									**4**
	0,010	–	–	–									
	0,025	–	–	10									
	0,05	–	6	11									
	0,10	–	7	13									
5	0,005	–	–	–	15								**5**
	0,010	–	–	10	16								
	0,025	–	6	11	17								
	0,05	–	7	12	19								
	0,10	3	8	14	20								
6	0,005	–	–	10	16	23							**6**
	0,010	–	–	11	17	24							
	0,025	–	7	12	18	26							
	0,05	–	8	13	20	28							
	0,10	3	9	15	22	30							
7	0,005	–	–	10	16	24	32						**7**
	0,010	–	6	11	18	25	34						
	0,025	–	7	13	20	27	36						
	0,05	3	8	14	21	29	39						
	0,10	4	10	16	23	32	41						
8	0,005	–	–	11	17	25	34	43					**8**
	0,010	–	6	12	19	27	35	45					
	0,025	–	8	14	21	29	38	49					
	0,05	3	9	15	23	31	41	51					
	0,10	4	11	17	25	34	44	55					
9	0,005	–	6	11	18	26	35	45	56				**9**
	0,010	–	7	13	20	28	37	47	59				
	0,025	–	8	14	22	31	40	51	62				
	0,05	3	10	16	24	33	43	54	66				
	0,10	4	11	19	27	36	46	58	70				
10	0,005	–	6	12	19	27	37	47	58	71			**10**
	0,010	–	7	13	21	29	39	49	61	74			
	0,025	3	9	15	23	32	42	53	65	78			
	0,05	4	10	17	26	35	45	56	69	82			
	0,10	5	12	20	28	38	49	60	73	87			
11	0,005	–	6	12	20	28	38	49	61	73	87		**11**
	0,010	–	7	14	22	30	40	51	63	77	91		
	0,025	3	9	16	24	34	44	55	68	81	96		
	0,05	4	11	18	27	37	47	59	72	86	100		
	0,10	5	13	21	30	40	51	63	76	91	106		
12	0,005	–	7	13	21	30	40	51	63	76	90	105	**12**
	0,010	–	8	15	23	32	42	53	66	79	94	109	
	0,025	4	10	17	26	35	46	58	71	84	99	115	
	0,05	5	11	19	28	38	49	62	75	89	104	120	
	0,10	7	14	22	32	42	54	66	80	94	110	127	

n_2	α	n_1: 2	3	4	5	6	7	8	9	10	11	12	n_2
13	0,005	–	7	13	22	31	41	53	65	79	93	109	**13**
	0,010	3	8	15	24	33	44	56	68	82	97	113	
	0,025	4	10	18	27	37	48	60	73	88	103	119	
	0,05	5	12	20	30	40	52	64	78	92	108	125	
	0,10	7	15	23	33	44	56	69	83	98	114	131	
14	0,005	–	7	14	22	32	43	54	67	81	96	112	**14**
	0,010	3	8	16	25	34	45	58	71	85	100	116	
	0,025	4	11	19	28	38	50	62	76	91	106	123	
	0,05	6	13	21	31	42	54	67	81	96	112	129	
	0,10	8	16	25	35	46	59	72	86	102	118	136	
15	0,005	–	8	15	23	33	44	56	69	84	99	115	**15**
	0,010	3	9	17	26	36	47	60	73	88	103	120	
	0,025	4	11	20	29	40	52	65	79	94	110	127	
	0,05	6	13	22	33	44	56	69	84	99	116	133	
	0,10	8	16	26	37	48	61	75	90	106	123	141	
16	0,005	–	8	15	24	34	46	58	72	86	102	119	**16**
	0,010	3	9	17	27	37	49	62	76	91	107	124	
	0,025	4	12	21	30	42	54	67	82	97	113	131	
	0,05	6	14	24	34	46	58	72	87	103	120	138	
	0,10	8	17	27	38	50	64	78	93	109	127	145	
17	0,005	–	8	16	25	36	47	60	74	89	105	122	**17**
	0,010	3	10	18	28	39	51	64	78	93	110	127	
	0,025	5	12	21	32	43	56	70	84	100	117	135	
	0,05	6	15	25	35	47	61	75	90	106	123	142	
	0,10	9	18	28	40	52	66	81	97	113	131	150	
18	0,005	–	8	16	26	37	49	62	76	92	108	125	**18**
	0,010	4	10	19	29	40	52	66	81	96	113	131	
	0,025	5	13	22	33	45	58	72	87	103	121	139	
	0,05	7	15	26	37	49	63	77	93	110	127	146	
	0,10	9	19	30	42	55	69	84	100	117	135	155	
19	0,005	3	9	17	27	38	50	64	78	94	111	129	**19**
	0,010	4	10	19	30	41	54	68	83	99	116	134	
	0,025	5	13	23	34	46	60	74	90	107	124	143	
	0,05	7	16	27	38	51	65	80	96	113	131	150	
	0,10	10	20	31	43	57	71	87	103	121	139	159	
20	0,005	3	9	18	28	39	52	66	81	97	114	132	**20**
	0,010	4	11	20	31	43	56	70	85	102	119	138	
	0,025	5	14	24	35	48	62	77	93	110	128	147	
	0,05	7	17	28	40	53	67	83	99	117	135	155	
	0,10	10	21	32	45	59	74	90	107	125	144	164	
21	0,005	3	9	18	29	40	53	68	83	99	117	136	**21**
	0,010	4	11	21	32	44	58	72	88	105	123	142	
	0,025	6	14	25	37	50	64	79	95	113	131	151	
	0,05	8	17	29	41	55	69	85	102	120	139	159	
	0,10	11	21	33	47	61	76	92	110	128	148	169	
22	0,005	3	10	19	29	42	55	70	85	102	120	139	**22**
	0,010	4	12	21	33	45	59	74	90	108	126	145	
	0,025	6	15	26	38	51	66	81	98	116	135	155	
	0,05	8	18	30	43	57	72	88	105	123	143	163	
	0,10	11	22	35	48	63	79	95	113	132	152	173	

n_2	α	n_1 13	14	15	16	17	18	19	20	21	22	n_2
13	0,005	125										13
	0,010	130										
	0,025	136										
	0,05	142										
	0,10	149										
14	0,005	129	147									14
	0,010	134	152									
	0,025	141	160									
	0,05	147	166									
	0,10	154	174									
15	0,005	133	151	171								15
	0,010	138	156	176								
	0,025	145	164	184								
	0,05	152	171	192								
	0,10	159	179	200								
16	0,005	136	155	175	196							16
	0,010	142	161	181	202							
	0,025	150	169	190	211							
	0,05	156	176	197	219							
	0,10	165	185	206	229							
17	0,005	140	159	180	201	223						17
	0,010	146	165	186	207	230						
	0,025	154	174	195	217	240						
	0,05	161	182	203	225	249						
	0,10	170	190	212	235	259						
18	0,005	144	163	184	206	228	252					18
	0,010	150	170	190	212	235	259					
	0,025	158	179	200	222	246	270					
	0,05	166	187	208	231	255	280					
	0,10	175	196	218	242	266	291					
19	0,005	148	168	189	210	234	258	283				19
	0,010	154	174	195	218	241	265	291				
	0,025	163	183	205	228	252	277	303				
	0,05	171	192	214	237	262	287	313				
	0,10	180	202	224	248	273	299	325				
20	0,005	151	172	193	215	239	263	289	315			20
	0,010	158	178	200	223	246	271	297	324			
	0,025	167	188	210	234	258	283	309	337			
	0,05	175	197	220	243	268	294	320	348			
	0,10	185	207	230	255	280	306	333	361			
21	0,005	155	176	198	220	244	269	295	322	349		21
	0,010	162	183	205	228	252	277	303	331	359		
	0,025	171	193	216	239	264	290	316	344	373		
	0,05	180	202	225	249	274	301	328	356	385		
	0,10	190	213	236	261	287	313	341	370	399		
22	0,005	159	180	202	225	249	275	301	328	356	386	22
	0,010	166	187	210	233	258	283	310	337	366	396	
	0,025	176	198	221	245	270	296	323	351	381	411	
	0,05	185	207	231	255	281	307	335	364	393	424	
	0,10	195	218	242	267	294	321	349	378	408	439	

n_2	α	n_1 = 2	3	4	5	6	7	8	9	10	11	12	13	14	n_2
23	0,005	3	10	19	30	43	57	71	88	105	123	142	163	184	**23**
	0,010	4	12	22	34	47	61	76	93	110	129	149	170	192	
	0,025	6	15	27	39	53	68	84	101	119	139	159	180	203	
	0,05	8	19	31	44	58	74	90	108	127	147	168	189	212	
	0,10	11	23	36	50	65	81	98	117	136	156	178	200	224	
24	0,005	3	10	20	31	44	58	73	90	107	126	146	166	188	**24**
	0,010	4	12	23	35	48	63	78	95	113	132	153	174	196	
	0,025	6	16	27	40	54	70	86	104	122	142	163	185	207	
	0,05	8	19	32	45	60	76	93	111	130	151	172	194	218	
	0,10	11	24	38	51	67	84	101	120	140	161	183	205	229	
25	0,005	3	11	20	32	45	60	75	92	110	129	149	170	192	**25**
	0,010	4	13	23	36	50	64	81	98	116	136	156	178	200	
	0,025	6	16	28	42	56	72	89	107	126	146	167	189	212	
	0,05	8	20	33	47	62	78	96	114	134	155	176	199	223	
	0,10	12	25	38	53	69	86	104	123	144	165	187	211	235	

n_2	α	n_1 = 15	16	17	18	19	20	21	22	23	24	25	n_2
23	0,005	207	230	255	280	307	335	363	393	424			**23**
	0,010	214	238	263	289	316	344	373	403	434			
	0,025	226	251	276	303	330	359	388	419	451			
	0,05	236	261	287	314	342	371	401	432	465			
	0,10	248	274	300	328	357	386	417	448	481			
24	0,005	211	235	260	286	313	341	370	400	431	464		**24**
	0,010	219	244	269	295	323	351	381	411	443	475		
	0,025	231	256	282	309	337	366	396	427	459	492		
	0,05	242	267	294	321	350	379	410	441	474	507		
	0,10	254	280	307	335	364	394	425	457	491	525		
25	0,005	216	240	265	292	319	348	377	408	439	472	505	**25**
	0,010	224	249	275	301	329	358	388	419	451	484	517	
	0,025	237	262	288	316	344	373	404	435	468	501	536	
	0,05	248	273	300	328	357	387	418	450	483	517	552	
	0,10	260	287	314	343	372	403	434	467	500	535	570	

Tabelliert sind die **linksseitigen** kritischen Werte für die Rangsummen der kürzeren Stichprobe x mit dem Umfang $n_1 \leq n_2$. Im Falle $n_1 > n_2$ müssen die beiden Stichproben vertauscht werden.

$$w^{(1)}_{n_1, n_2; \alpha} \quad \text{maximal mit} \quad P\left(W^{(1)}_{n_1, n_2} \leq w^{(1)}_{n_1, n_2; \alpha}\right) \leq \alpha.$$

Die **rechtsseitigen** kritischen Werte erhält man aus der Symmetrie

$$w^{(1)}_{n_1, n_2; 1-\alpha} = n_1(n_1 + n_2 + 1) - w^{(1)}_{n_1, n_2; \alpha}.$$

Die Grenzen gehören zum Ablehnungsbereich.

Sachwortverzeichnis

Die erfolgreichen Werke von Prof. Bosch im Oldenbourg Verlag: